服装类专业创新型规划教材

服装款式设  ）

FUZHUANG
KUANSHISHEJI

主　编　陈培青　徐　逸
副主编　王　玲　胡艳丽
参　编　梁立立　薄　燕　彭庆慧　夏　静

北京理工大学出版社
BEIJING INSTITUTE OF TECHNOLOGY PRESS

内容提要

本书以服装设计四大构成要素为基础，结合各风格成衣品牌的案例分析，讲述服装系列设计和成衣设计的方法。不以学科为系统，而以工作岗位对知识点的需求来构建，侧重于设计方法的阐述，理论阐述为辅。强化实用性，紧密结合实际，力图实现实践技能与理论知识的整合。

图书在版编目（CIP）数据

服装款式设计/陈培青，徐逸主编. —2版. —北京：北京理工大学出版社，2014.2(2017.1重印)

ISBN 978-7-5640-8847-7

Ⅰ.①服… Ⅱ.①陈… ②徐… Ⅲ.①服装设计 Ⅳ.①TS941.2

中国版本图书馆CIP数据核字(2014)第023048号

出版发行 / 北京理工大学出版社有限责任公司
社　　址 / 北京市海淀区中关村南大街5号
邮　　编 / 100081
电　　话 / (010)68914775(总编室)
　　　　　82562903(教材售后服务热线)
　　　　　68948351(其他图书服务热线)
网　　址 / http://www.bitpress.com.cn
经　　销 / 全国各地新华书店
印　　刷 / 北京紫瑞利印刷有限公司
开　　本 / 787毫米×1092毫米　1/16
印　　张 / 8.5
字　　数 / 249千字
版　　次 / 2014年2月第2版　2017年1月第2次印刷
定　　价 / 40.00元

责任编辑 / 杨　倩
文案编辑 / 陈子慧
责任校对 / 周瑞红
责任印制 / 边心超

图书出现印装质量问题，请拨打售后服务热线，本社负责调换

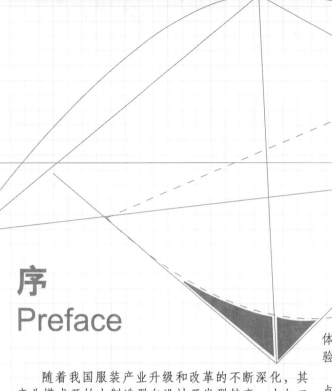

序
Preface

随着我国服装产业升级和改革的不断深化，其产业模式开始由制造型向设计开发型转变，由加工型向品牌型转变。文化创新和品牌成为竞争的焦点。现代设计，以创造新的生活方式和满足人的个性需求为目的，或者说是为服务于新的生活方式需求而设计，应是工业、商业、科学和艺术高度一体化的产物。最佳设计不仅仅追求设计出美的和物化形式的东西（服装），而且能表达丰富的物质内容和精神内涵，以设计来改变和创造新的生活。中国纺织工业协会会长杜钰洲先生说："现代科学技术对当今世界衣着文化影响的总趋势，如果概括为一个词，就是'求新'。人们要求衣着产业突破一系列传统观念的束缚，开拓新视角，追求新境界，创造新风格，提供新感受。"显然，增强时代的创造力已成为新形势下人才培养的首要目标，快速变化发展的国际国内服装行业对服装专业教育提出了更新、更高的要求。

近年来，全国各服装院校积极探索本专业的教育教学改革，产生了许多新思路、新观念、新理论和新方法，切实提高了专业教学的针对性、先进性、科学性和前瞻性，提高了人才培养的实效性；在探索新形势下服装人才培养模式和教学研究方面进行了很多有益的尝试，取得了一批突破性成果。

本套教材是在国内现有教材的基础上，顺应"当今世界衣着文化影响的总趋势"，依照教育部有关应用型专业的办学要求编写的。本套教材有以下几个方面的特点：

1.本套教材的编写由近百所高等院校服装专业的专家学者和教学一线骨干教师共同完成，汇集了这些院校的教学改革和研究成果；并由一批中国服装界专家及著名设计师作为顾问，对教材体系结构进行了整体把握和构建，以其可靠的理论质量和丰富的实践经验为教材的专业性和创新性提供保障和支持。

2.本套教材以激发学生的创新意识和观念为出发点，以培养技能型和实用型服装人才为基本目标，在此基础上注重学生创新思维和市场意识的培养。教材的编写力求理论体系科学简明，内容精炼，重点突出，理论和实践有机结合，力求反映服装行业发展的新动向，体现新材料、新工艺、新技术在服装行业中的应用。

3.本套教材突出了以增强学生职业能力为中心的教材建设与课程改革的需求。强调了基于工作过程的动手能力培养模式，提升以行为为导向的教学理念，体现了"知识、技能、素质"三位一体的人才教育质量观。

4.在体例上，每章都附有思考题和形式多样的训练作业，力图以工作任务及项目教学为突破口，实现实践技能与理论知识的整合，旨在提高学生的综合素质和职业能力，增强教材的可读性和自主性，培养学生的自学能力。

5.为适应现代服装产业的发展需求，拓宽了服装专业教材范畴，新增了经济学、市场学方面的教材，这也是国内服装专业课程开发和研究的新成果。

本套教材有利于服装专业教师创造性地组织教学，"让创造性的教学带动创造性的学习，培养创造型人才"。本套教材适合高等院校服装设计、服装工程及服装设计与表演等专业使用，又可作为高职高专院校相关专业教材，还可作为服装类职业培训教材以及服装专业从业人员和爱好者的自学参考书。热忱欢迎服装专业师生和服装行业人士选用。同时也真诚希望广大读者对本套教材的不当之处提出宝贵意见。

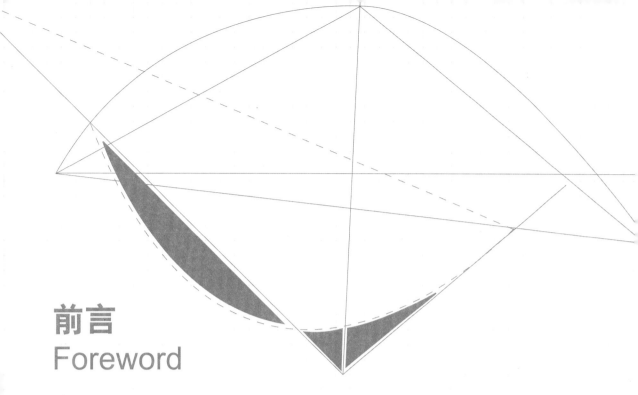

前言
Foreword

　　"服装设计"这个概念自20世纪70年代末被引进我国以来，一直笼罩着一层光环，这层光环吸引着众多学子踏入服装设计专业的大门。中国的服装设计教学比较注重服装的创意设计，以致教学与市场脱节的现象较为严重。面对这种现状，我们更应该注重服装设计基本技能的训练，努力实现和市场的零距离。

　　本书所指的服装款式设计，是广义的款式设计，是包含服装造型、服装色彩、服装材料和服装图案等服装设计四要素的综合设计，包括系列设计和成衣设计（单品设计）两大部分。就服装设计而言，造型设计与服装面料相辅相成，而色彩也必须依托服装面料而存在，图案的添加也与造型、面料和色彩诸因素密不可分。所以本书以服装设计四要素为基础，结合各风格成衣品牌的案例分析，根据工作岗位对知识点的需求来介绍，侧重于设计方法的阐述，并辅以理论阐述。强化实用性，紧密结合实际，力图实现实践技能与理论知识的整合。本书既可作为各服装院校服装类专业的教材，也可作为服装企业从业人员的参考用书。

　　本书内容包括绪论、服装造型设计、服装配色设计、服装造型设计与面料、服饰图案设计、服装风格、服装系列设计和成衣款式设计。其中绪论由浙江纺织服装学院陈培青老师编写；第一章服装造型设计由浙江纺织服装学院徐逸老师编写；第二章服装配色设计由山东日照职业技术学院薄燕老师编写；第三章服装造型设计与面料由江西服装学院胡艳丽老师编写，陈培青老师配图；第四章服饰图案设计由山东日照职业技术学院王玲老师编写；第五章服装风格由江西服装学院夏静老师编写；第六章服装系列设计由江西服装学院彭庆慧老师编写；第七章成衣款式设计由烟台南山学院梁立立老师编写，陈培青老师配图。全书由陈培青老师统稿。

　　在此感谢相关工作人员为本书顺利出版所做出的努力，感谢北京理工大学出版社给予的大力支持。由于编者才疏学浅，书中难免有疏漏和不足之处，敬请各位读者指正。

编　者

目录
Contents

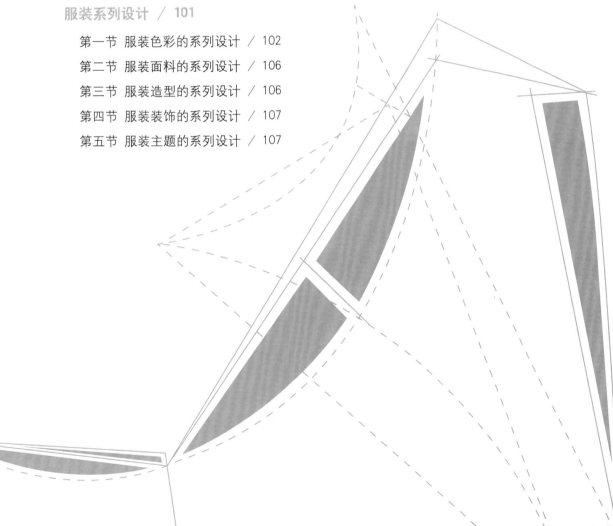

★ 知识目标

　　掌握服装、服装设计的基本概念、基本知识和设计的内容。

★ 能力目标

　　充分认识设计师应具备的素质，并按照设计师的条件和标准
进行设计能力的培养。

绪　论

　　服装设计是设计师运用一定的思维形式、美学规律和设计程序，将自己的设计构思以绘画的手段表现出来，并选择适当的材料，通过相应的裁剪方法和缝制工艺，使其进一步实物化的过程。设计（Design）意指计划、构思、设立方案，也含有意象、作图、造型之意，而服装设计是指以服装为对象运用恰当的设计语言完成整个着装状态的创造性行为。服装设计与其他设计一样离不开功能、材料和技法的统一，既强调艺术性，又强调实用性和商业性，属于工艺美术范畴，是以实现服装功能为前提的技术设计。

一、服装设计的新概念

　　毫无疑问，服装设计是当今世界上潮流改变最快的设计行业之一。时至今日服装设计已不再停留于满足实际功能和视觉上的赏心悦目，而是成为一种独特的创作语言，具有观念传播、精神交流的作用，甚至能够引发思考继而有改变行为的功效。服装设计已汇集了文化、艺术、功能、风格、技术、材料等多种元素，打破了传统文化所固有的界限。在服装界涌现出的一些新概念，使服装设计的涵盖面更为广阔。

❶ 大设计

　　"大设计"在服装行业内也被称为"大创意"，即服装设计师需要进行包括品牌定位、形象策划、款式色彩纹样设计、结构工艺设计、产品宣传设计、市场营销等活动，构筑服装品牌产品的人文环境的内容。"大设计"概念的出现顺应了时代潮流，是"生态人文主义"在设计领域的体现。设计从此不仅仅是平面设计和造型设计等技术层面的事情，而是从管理层面的角度对产品、形象、销售、服务等进行的总体规划，并对政治、经济、文化、环境产生影响。

　　传统意义对设计的理解是对物体线条、形体、色彩、色调、质感、光线、空间等进行艺术表达和结构造型的过程；是遵循形式美法则，重点强调物与物之间相互关系的功能设计。而现代设计则强调人与物、人与自然的关系，其本质逐渐体现在高科技的人文化、生态化，甚至可看作是对社会政治、文化、经济、环境各方面及相互关系的总体规划，设计师也参与到对文化的思考和建设。这样的背景直接影响了服装设计界，很多设计师把视野拓展到服装的相关产业当中，在其他行业里进行设计。设计者通过审视设计对象，介入产品形成的全过程，实现产品的物质功能、信息功能、环境功能、社会功能和市场、经济要求，以此作为设计的战略性目标。

　　传统的服装设计教学着重时装画的训练，并把服装设计当作艺术活动看待，突出所谓自我艺术个性，或者把技术设计作为全部，以致从业数年后仍缺乏足够的知识基础和阅历来承载"大设计"所包含的内容。

　　图0-1、图0-2为2008年秋冬西班牙ZARA品牌的宣传图片。ZARA深受全球时尚青年的喜爱，拥有品牌设计师的优异设计和平民化的价格。ZARA在全球56个国家内设立的服装连锁店逾2000家，已成为全球零售服装行业的巨头。来自20个国家不同种族的年轻设计师，在负责艺术指导的决策层的领导下，整合最新的流行信息，对款式风格进行改版设计，并组合成新的服装系列。ZARA由设计专家、市场

分析专家及买手组成的专业团队，共同对可能流行的款式、花色、面料进行讨论，并对零售价格及成本迅速达成一致，进而决定是否投产。ZARA的商品从设计、试做、生产到店面销售，平均只需三周时间，最快的只需一周，形成了最快速的产销链。ZARA成功的事例已成为全球设计师与服装企业家学习的一个典范。

在"大设计"概念出现的今天，有志成为优秀的服装品牌设计师，必须切实提高自身的综合能力，站在服装之外思考服装和品牌问题，从更高的角度去对服装进行各种设计，从而提高产品的设计"含金量"。

图0-1 2008年秋冬西班牙ZARA品牌的宣传图片

❷ 体验服装设计

在人们生活需求发生巨变的今天，服装中的理性价值（包括价格、品质和服务等）已经不能满足顾客的全部消费欲望。随着社会的进步，在基本需求逐步得到满足的情况下，人们又有了更高层次的渴望——自我实现的渴望。但诸多品牌仍然停留在以价格为主导的低水平竞争层面，没有进行真正意义上的设计，不能顾及顾客的感性需求，为品牌的生存与发展埋下了隐患。

如何通过服装设计满足人们的感性需求是新时期对服装设计师提出的新要求，"体验服装设计"的概念应运而生。所谓体验服装设计就是通过突出品牌风格、主题，创造出品牌体验的服装设计，不但注重顾客的理性需求，而且更强调顾客的感性要求。体验服装设计是对以往设计思维的超越，为服装设计拓展出了更为广阔的空间。

（1）对顾客更多的人文关怀

传统服装设计关注的多为服装中的功能、质量、价格和服务等理性价值，往往"理性"有余而"感性"不足。体验设计则更重视顾客的感性需求，它试图带给顾客更加生动的产品，为其创造更完善的体验。

（2）密切服装品牌与顾客的联系

体验服装设计通过体验的手段将服装与顾客的生活方式相连，在诸如感知、感觉、思维、行动等多方面触动顾客的感受，影响其消费行为。在设计之初就考虑到顾客的个体生活方式及其更广泛的社会关系，通过服装的外观设计吸引并引发顾客的感受，通过感受引起顾客的思考，并创造顾客同服装品牌情感上的联系，引发顾客对品牌的购买行为，使顾客保持对品牌的忠诚度。

（3）设计顾客的消费情境

注重考虑顾客穿着的环境背景，将设计与顾客的生活

图0-2 2008年秋冬西班牙ZARA品牌的宣传图片

方式紧密相连，从顾客的生活情境着手进行设计，为顾客带来更体贴、更愉悦的感受。

图0-3为2009春夏意大利Dolce&Gabbana品牌女装的宣传图片。Dolce&Gabbana的设计灵感大多来自于Dolce的出生地西西里岛。这是一种具有"强烈视觉感官震撼"的风格，大量使用红、黑等厚重的色彩，搭配紧绑的束腹、内衣外穿以及以豹纹为主的动物图纹和精致的配饰，呈现出强烈的对比。这种风格同时被称为"新巴洛克风格"，是一种新式的华丽冶艳的意大利风格。2009春夏Docle&Gabbana采用奢华、冷艳的风格，该宣传图片以蓝灰色为主调，欧式古典风格的居室为背景，营造出目标消费群体低调奢华的生活场景，表现出一种由人、衣、景共同创造的独特美感。

图0-3 2009春夏意大利Dolce&Gabbana品装女装宣传图片

"大设计"与"体验服装设计"使服装设计从技术设计的圈子里走出来，让设计师从社会环境、消费环境中重新审视服装，使服装设计顺应时代进步的需求，更好地为社会、为消费者提供服装。同时也对服装设计从业人员提出了更高的要求。

二、现代服装设计从业人员必须具备的基本素质

❶对市场敏锐的洞察力和对流行的感知力

对服装作为商品的认识非常重要，设计者需认清服装的艺术性、实用性和商业性之间的关系；保持对市场敏锐的洞察力，随时关注市场的需求及变化，具有对其进行调查研究和科学预测的能力；关注目标消费群体，掌握市场心理学，同时保持对时尚的关注和流行的感知力，了解服装流行史，理解和把握服装的时效性。

❷对服装材料的认知能力

服装材料是服装设计的载体，所有的设计最终都是通过服装材料体现的。作为服装设计从业人员对服装面料、服装辅料的熟悉至关重要。传统的服装材料课程教学，偏重于纺

织结构的讲述，对服装材料性能、外观识别的训练不够扎实，对新材料以及价格的认识比较欠缺。

❸ 结构设计能力和工艺设计能力

服装设计必须通过结构设计和工艺设计才能实现，不管是设计师还是设计师助理，都必须具备一定的结构设计能力和工艺设计能力。随着服装设计的发展，独特、别致的结构设计和工艺设计已经成为服装设计两项重要的设计元素，这必须基于设计者对结构和工艺的准确理解。也唯有设计者对结构和工艺有了准确理解，才能使样板师和工艺师顺利地把设计意图转化为实体。

❹ 良好的艺术素质

宽阔的知识面和良好的艺术素质也是服装设计从业人员的基本素质要求。姊妹艺术相互之间的影响和彼此之间的促进作用，已经被历史多次充分验证。服装设计自始至终都受着艺术思潮的影响，并从各种艺术形式中吸取灵感。传统手工艺和民族、民间文化，也对现代服装设计有着深厚的影响，多次成为服装设计的灵感来源，并成为服装的流行风格之一。

❺ 一定的设计表达能力

作为服装设计人员，必须具备一定的手绘以及电脑绘图能力，能清晰、准确地用效果图和款式图表达设计思想，并有一定的艺术感染力。同时必须对人体结构和比例有充分的了解，能很好地把握服装和人体的关系，设计出合理、优美的产品。

❻ 体验服装设计的能力

优秀的服装设计产品，应该是连接消费者和生产厂家的纽带。因此，服装设计师应该具备体验服装设计的能力。这就要求服装设计师应在掌握市场、了解目标消费者的基础上进行设计，在设计中既要考虑生产厂家的产值利润，又要考虑目标消费者的需求，如产品的审美价值、价格、人体舒适性等，还有是否能使消费者同时获得理性和感性双方面的满足感等。

❼ 具备全面的专业技能

服装设计师应具有全面的专业素质和专业技能，这是"大设计"对服装设计师提出的要求。只有熟悉品牌定位、形象策划、款式色彩纹样设计、结构工艺设计、产品宣传设计、市场营销等各环节的技术要求，才能成为一个全方位的优秀服装设计师。

★ 知识目标

　　掌握服装廓形的特点、分类及特征；掌握服装款式造型要素的特点及其在服装设计上的表现；掌握服装结构线在服装设计中的表现形式；掌握服装的部件与细节及其在服装设计中的表现形式。

★ 能力目标

　　能对服装廓形的趋势进行分析；运用服装基本造型要素进行款式设计；运用形式美原理设计服装款式；选择适当的造型、样式及细节表现设计理念。

第一章

服装造型设计

服装设计与其他设计一样，都是以创新的方式将已知的要素组合，以创造出新颖的产品造型。服装的设计离不开以下设计要素：廓形、比例与线条、细节、色彩、面料、图案与装饰、功能、历史参考、当代潮流、时装档次与市场类型，等等。各种原理、要素都贯穿于服装造型设计的全过程。服装款式造型设计包括服装的外轮廓、内部结构设计以及细部设计三部分内容。下面我们主要讨论服装款式设计的基本造型要素及其在服装设计上的应用。

第一节
服装廓形设计

一、服装廓形

任何服装造型都有一个正视或侧视的外观轮廓，这就是服装流行趋势预测和研究中常常提到的"廓形"。服装廓形是指服装的外部造型剪影，也称之为外轮廓形、侧影、剪影，英语称"Silhouette"或"line"。服装造型的总体印象是由服装廓形决定的，这是因为在一定距离之外，在服装的细节、面料和结构被辨识出来以前，我们对一套服装的视觉印象首先来自于它的整体轮廓，由

此可见外形对于服装款式是何等的重要。

西方服装尤其重视运用省、分割线、褶、裥、衬垫等技术手段塑造外形，强调或削弱人体的某一部位，所有手法都是为了创造出美的外形。对轮廓的变化起到两个作用即扩张与收紧，从而使轮廓得以变化。

服装廓形的变化是最具有时代特征的，它以简洁、直观、明确的形象特征反映着服装造型的体态特点，因此，外轮廓也成为流行和式样（style）的代名词。服装廓形的变化蕴含着深厚的社会内容，直接反映了不同历史时期的服装风貌以及当时的价值观、审美意识的变化。服装流行的历史也可以说是其外轮廓变化的历史，通过西洋服装史可以看出各种服装轮廓的变化（图1-1）。

服装廓形意味着服装整体的形、样式等，是具有代表性的符号，明显地反映出服装的美感及造型风格特点。如，二战结束，法国时装设计大师迪奥（Christian Dior）在1947年发布了他的第一个服装系列"新造型"（New Look），强调典雅柔美的女性曲线。自然的肩形、丰胸、细腰、圆臀造型取代了战争期间笨拙呆板的军事化平肩裙装，这一时装界划时代的佳作，成为20世纪最轰动的时装变革标志。随后迪奥不断推出以字母形来命名的新潮时装，如前期强调曲线形的O形、郁金香形等，后期强调直线的相对年轻的H形线、A形线、Y形线等。此后10年被称为"迪奥时代"，他设计的每个服装系列都成为时装流行的最高权威。

图1-1 服装廓形的变化

时装流行变化最重要的特征之一也是外轮廓线。服装廓形设计需要同时满足舒适性和维持消费者的需要，市场倾向于排斥较为极端的廓形，因此，服装整体的廓形演进是很缓慢的。理解不同廓形并知道它们是如何划分、如何演进的，是进行服装设计的基础。

　　服装外形线也是表达人体美的重要手段，所有服装设计最后都要创造出美的外轮廓，所以把握外形特征是服装造型设计的关键。服装款式的流行预测也从服装的廓形开始，把它作为流行款式的基准。设计师应整理、分析服装廓形更迭变化和演变发展的规律，洞察流行密码，如花型、工艺、结构细部、色彩、面料肌理、图案以及装饰配件等，进而更好地预测和把握流行款式走势，并通过对穿着者体型、人体运动及空间因素的有效分析，把握市场的变化，不断创新，把这些都融合转变为下一季令人满意的服装廓形，使服装别具特色。

二、服装廓形分类

　　服装设计与流行趋势预测中最常用、最具代表性的服装外轮廓形有字母形、物态形、几何形等。以几何字母命名服装廓形是由迪奥首次推出的。最基本的字母型廓形有五种，即H形、A形、T形、O形、X形，由此引申出来的还有如V形、Y形、S形，等等。字母形廓形的分类简洁且直观地表达了服装的特征，因此在现代服装设计中，常用字母形来描述服装廓形的变化。物态形是以自然界物体剪影形态或生活中的物体形态来命名服装外轮廓形，如郁金香形、美人鱼形、帐篷形、喇叭形、纺锤形、酒杯形、箭形、沙漏形、铅笔形等，其具有直观、明了、便于想象的特点，不断丰富着设计师的表现风格，给设计师以无穷的灵感来源。几何形是把服装廓形看成是由直线和曲线所构成的单个或多个几何平面形态的排列组合，如三角形、梯形等。下面介绍几种服装基本廓形的特征。

图1-2　A形廓形

❶A形（A-Line）

　　A形廓形也称正三角形外形，该廓形的服装在肩、臂部贴合人体、胸部比较合体，胸部以下逐渐向外张开，形成上小下大的三角造型，具有活泼可爱、流动感强、青春活力等性格特点，被称为年轻的外形。A形廓形由迪奥在1955年首创，20世纪50年代在全世界的服装界中都非常流行；在现代服装中也广泛用于大衣、连衣裙的设计（图1-2）。

❷X形（X-Line）

　　X形廓形，又称沙漏形，是最具女性体征的轮廓，能充分展示女性优美舒展的三围曲线轮廓，体现女性的柔和、优美、女人味与雅致的性格特点。其造型特点是肩部稍宽、腰部紧束贴合人体、臀形自然、裙摆宽大，能完美地展现女性的窈窕身材（图1-3）。

　　近代服装大师常常运用X形廓形来创造新的时尚，它在服装造型中占有重要地位。X形廓形在经典风格、淑女风格的服装中运用得比较多，许多晚礼服的设计也都采用X形廓形，塑造轻柔、纤细的古典

图1-3　X形廓形

之美，并通过立体裁剪达到完美合体的效果。

❸T形（T-Line）

T形廓形的特点是夸张肩部，下摆收紧，形成上宽下窄，呈T形或倒三角形造型的效果。T形廓形服装一般肩部加垫肩或在肩部做造型及面料堆积处理。T形形态上与男性体型相近，呈现力量感和权威感，具有大方、洒脱的性格特点，多用在男装、前卫风格的服装以及表演装的设计中。

强调女权运动的20世纪80年代，这种廓形非常流行。阿玛尼设计的宽肩造型是对女装设计的一大突破，给女装带来了男性气质（图1-4）。

❹O形（O-Line）

O形廓形呈椭圆形或卵形，其造型特点是肩部自然贴合人体、肩部以下向外放松张开、下摆收紧，整个外形比较饱满、圆润。O形廓形具有休闲、舒适、随意的性格特点，给人以亲切柔和的自然感觉。

O形廓形在现代成衣设计中常作为服装的一个组成部分，如领、袖或裙、上衣、裤等单品的设计。这种服装造型夸张，适用于创意装的设计，在休闲装、运动装以及居家服的设计中用得比较多。

O形廓形在20世纪五六十年代曾流行过，21世纪初这种廓形再次成为流行元素中重要的一个（图1-5）。

❺H形（H-Line）

H形也称矩形、箱形、筒形或布袋形，其造型特点是不夸张肩部、腰部不收紧呈自由宽松形态，不夸张下摆，形成类似直筒的外形，因形似大写英文字母H而得名。H形廓形服装具有修长、宽松、自然流畅、随意的特点，适合传达中性化和简洁干练的意味，多用于职业休闲装、家居服以及男装的设计中。一战以后H形服装在欧洲颇为流行，但当时还没有以英文字母命名。1954年H形廓形由迪奥正式推出，1957年再次被法国时装设计大师巴伦夏加推出，被称为"布袋形"，20世纪60年代风靡一时，80年代初再度流行（图1-6）。

❻S形（S-Line）

S形是一种极具女性特征的廓形，其造型特点是突出胸部、收腰、夸张臀部或裙摆收紧，充分展示女性的曲线美。

图1-4 T形廓形

图1-5 O形廓形

图1-6 H形廓形

图1-7 自然形廓形

❼ 自然形

自然形廓形强调女性的人体三围曲线变化。肩部、胸部、腰部、臀部比较贴合人体曲线起伏。自然形廓形最能体现女性特质，是优雅风格女装最常用的服装廓形（图1-7）。

每一种廓形都有各自的造型特点和性格倾向，不同的廓形体现了不同的服装风格与审美趣味，这就要求设计师在设计时根据设计需求灵活运用。既可以使用一种服装廓形保持某种服装风格，也可以将两种或多种服装廓形结合使用形成新的服装廓形。

三、服装轮廓变化的主要部位

服装廓形的变化不是随心所欲，而是以人的基本形体为依据进行设计，因为体形是服装赖以支撑的最好衣架，服装造型变化、空间的塑造离不开人的关键部位的支撑。所谓人体关键部位是指颈、肩、胸、腰、臀、腹、膝、腕、肘、踝等部位。服装上的关键部位则指服装与人体关键部位相对应的颈围点、肩缝点、袖口点、侧缝点、衣摆点等反映服装造型的特征部位，这些部位的长短、围度和摆线的宽窄、位置高低形态变化衍生出许多风格各异的造型组合。具体设计时，关键部位可以自行确定，并根据实际情况适当增加或删减。影响服装外形的主要部位是肩、胸、腰、臀和下摆等。

❶ 肩

肩是服装造型设计中限制相对较多的部位，其变化的幅度远不如腰和下摆自如。历史上有过许多样式的肩部处理，无论是溜肩还是平肩，垫肩还是耸肩，基本上都是依附肩部的形态略作变化而产生的新效果。

❷ 腰

腰部是服装造型中举足轻重的部位，变化极为丰富。腰部的形态变化大致有两种：腰线位置的高低和腰的宽窄。西方的服装设计师把腰部设计归纳为X型（束腰）和H型（松腰），这两种腰的宽窄形式常交替变化，20世纪就经历了"H→X→H"形的多次变化，而每一次变化都具有鲜明的时代特征。腰线位置的高低变化使服装上下的比例关系出现差异，而呈现出高腰式、中腰式、低腰式不同的服装形态与风格。高腰设计给人以身材修长的感觉，低腰设计降低视线，这两种设计多用于现代礼服、连衣裙的设计中。中腰收腰服装端庄自然，多用于正装与职业装设计。

❸ 下摆

下摆，即上衣和裙子下摆或裤装中的脚口。下摆对服装廓形的影响体现在下摆的位置高低、下摆的形状变化上。下摆或高或低，或宽或窄，可反映出服装造型的比例和审美意识，是时尚流行变化的一个重要标志，并决定服装风格的走向。自20世纪20年代开始，西方女装裙子的长度在将近一个世纪里不断演变，反映了时尚的变迁。另外，下摆的形状，如直线、曲线、折线形底边，形态变化丰富，使服装外形线呈现出多种风格与形状。对称、非对称形底边等演示着服装不同的风格变化。20世纪90年代开始流行的非对称裙摆，给女装带来了颇具影响的效果。

❹臀部

臀部和裙子下摆的围度变化，可以通过在人体周围运用面料创造出一定的量感来获得，或通过集中在臀部、肩部、裙子下摆等部位的填充物、鲸骨箍内衬、骨架衣撑或垫肩改变围度，也可以通过制作非常合体的服装（紧身胸衣）或运用莱卡弹性纤维收缩腰围和臀围（紧身裤）来进行强调。

❺围度

围度的大小对服装外形的影响最大。不同的围度线使服装产生不同的外形，形成风格各异的服装。西方服装史上夸张臀部的巴斯尔样式，呈现的是一种炫耀性的装饰性效果。婚礼服、现代舞台戏剧装等也常作夸张性的设计。

四、影响服装廓形设计的因素

影响廓形设计的因素有很多，除了流行、时尚审美之外，其中较为重要的还有腰围线和臀围线的上下移动；肩线、腰线的宽窄及立体感的强弱；分割线或省道的形状和方向；有面料的悬垂性、弹性、硬挺性等特性工艺技术的发展以及工艺手法、色彩视错觉的运用等因素。另外，人的不同体型，不同运动状态时所需要的空隙度也会影响服装廓形。

五、服装廓形的设计方法

就造型而言，上下装的长度、宽、体积、线形等决定了服装廓形的外观对比效果，同时还要考虑材料、色彩等的影响。除服装要适用不同场合的需要外，不同体形的高矮胖瘦、凹凸起伏也是服装廓形设计的重要参数。进行服装廓形设计时，应尝试从不同角度进行考虑，因为不同角度的廓形有着明显的差异。强调和美化服装廓形是为了突出人体美好的部分和掩饰人体不足的部分。

服装廓形的设计方法有很多种，可以按照设计意图在确定原服装的廓形基础上进行部分或全部空间位移而得到意想不到的廓形；也可利用几何模块进行组合变化；还可以运用立体裁剪方法，在人台上或模特身上直接造型，边做边调整，以取得外轮廓的最佳效果。

服装廓形设计的重点：一是根据设计要求把握好时尚风格倾向；二是考虑与廓形密切相关的因素——体积塑造。体积包含着尺寸的松紧大小和材料的软硬厚薄、材料用量、成本及行动方便性等因素，要确定所设计的服装是采用何种程度的体积（图1-8）。

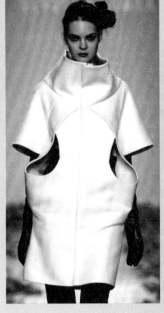

图1-8 不同廓形的设计

第二节
服装造型中点、线、面、体的形态构成

一、服装造型及造型要素

造型是按审美要求将一定的物质材料塑造成可视的平面或立体的过程，也指按审美要求将一定的物质材料塑造完成后的平面或立体的形象。物体处于空间的形状，是由物体的外轮廓和内结构结合起来形成的。物体形状不同，特征各异，造型便是根据物体的主要特征所创造出的物体形象。

服装是一种具有三维空间的物品，因此，服装造型属于立体构成范畴。服装造型的要素主要包括点、线、面、体。服装设计构成主要是在这些要素的基础上，依照形式美的法则进行分割、组合、积聚、排列，从而产生形态各异的服装造型的过程。服装造型时，可以从空间上下、左右、前后任何一个角度观察造型要素的立体形态，研究它的形状、色彩、特定的质感规律及其美感。

二、服装造型要素的表现形式

❶ 点

点在服装上的应用主要可以分为三大类：辅料类、饰品类和工艺类。辅料类以点的形式出现在服装上的有徽标、纽扣、珠片、线迹、绳头等，一般这类点体现了功能性与装饰性的结合。如纽扣既是许多服装上闭合、固定必不可少的附件之一，也可作为构成衣服的表现因素在服装上运用时，纽扣的大小、数目及位置、排列形式不同，都会呈现出不同的视觉效果。当强调一种装饰效果时，纽扣的使用方法和排列方式便显得尤为重要。饰品类以点形式出现在服装上的，有耳环、戒指、胸针等装饰性的饰品以及丝巾扣、小手袋、手表等实用性的饰品。点装饰一多在前胸、袋边、袖口、肩部和腰部运用。实际上，服装上较小的饰品都可以理解为点的要素。点饰品可以打破服装的单调感、统一服装的形式美感，强化整体着装效果；具有突出着装者的个性、强化服装风格的作用。点工艺类要素指刺绣、图案、花纹等具有点效果的装饰，即服装中某处的单个图案。点工艺类要素表现内容丰富，字母、文字、各种具象或抽象的图形都可作为点的形式图案出现在服装上。不同的点大小不同，与面料的比例、配色不同，其装饰效果也不相同。运用在服装上的工艺类点，因表现方式不相同、处理手段各异，达到的设计目的也不同。

在服装设计中要充分利用点要素的造型作用，恰如其分地把具体的服装类别与风格结合起来（图1-9）。

❷ 线

服装上的线千姿百态，有直线、垂线、斜线、曲线、自由线和折线等，每种线型构成各有其造型特征和形式。直线有垂直线、水平线、斜线、折线之分，具有硬直、单纯、刚毅的性格，一般多用于男装或前卫风格的服装中。曲线有几何曲线和自由曲线之分，给人以柔软、优雅、富于变化的感觉，一般多用在女装设计中，如休闲装及晚礼服设计。虚线具有

图1-9 点在服装上的应用

柔和、软弱、不明确的性格，多用作内部装饰线，在休闲风格、前卫风格的服装中经常见到，如牛仔服上各种不同形式、或粗或细、或曲或直的装饰线迹；休闲便装外套的暗袋经常用装饰线迹在其表面勾勒出轮廓。

在服装上的具体表现形式有造型线、以线的形式出现的工艺手法、线状的服饰品和辅料等。造型线包括服装的廓形线、基准线、结构线、装饰线和分割线等。服装的廓形线是由肩线、腰线、侧缝线等结构线组合而成的，是服装中典型的线构成形式。结构线或分割线贴合人体曲面而达到塑造人体美的效果，如开刀线、省道线等都是塑造服装立体型重要的线条；结构分割线的部位与装饰线结合的，如公主线。服装的装饰线包括镶边线、嵌线、细裙线、缉明线、波浪线以及线条形态的装饰花纹等，有助于体现精致秀美的效果与特有的情趣。装饰线可出现在服装上的任意部位，作为纯粹为了强调服装的美感而运用的装饰性元素，形式自由，一般不太会受工艺的限制。运用嵌线、镶拼、手绘、绣花、镶边等不同的工艺手法以线的形式出现在服装上，是服装设计的常用手法，可以丰富服装的造型、增强服装的美感甚至会改变服装的风格。服装上工艺线条的种类繁多，只要掌握了各种线条的性格特点以及形式规律，再对各种工艺特色有所了解，就可以运用自如。独特的工艺线条往往成为设计的特色，在设计中创造出各具特色的服装形式。

在服装设计中线的巧妙运用，通常不是单类线条运用而是进行多元化组合，不同线条的间距、大小、排列形式以及线条的粗细、数量都能影响线的造型内涵，每种线的数量、具体位置排列都要根据服装风格和设计要求而定。设计者可以根据情况自由发挥，将线交叉联合使用，以体现着装者的优美体态和个性特征。成功地把握和运用好服装造型中的各种线条，有助于完美地体现服装的设计风格（图1-10）。

❷面

服装上面的表现形式主要有以下几部分：大部分服装的裁片、零部件、大面积装饰图案、面的感觉较强的服饰品以及在服装上形成面的工艺手法等。

服装是由裁片围拢人体缝合形成的体。裁片大都以非常平整地拼合或层叠的形式出现，通过不同面积、形状、材质和色彩的搭配，丰富服装的视觉效果，使服装富有层次和韵律感。异色、异材服装面料裁片拼接在一起时，面的感觉较为突出。

图1-10 线在服装上的应用

　　面造型的零部件，如披肩领、袒领或大贴袋等，通过形状、色彩、材质以及比例的变化，统一服装整体形状中的各个部分比例，是对服装整体面造型或体造型的补充和丰富。服装上经常使用大面积装饰图案可以弥补面的单调感。图案的材质、纹样、色彩、工艺手法非常丰富，但整件服装上不能使用多种颜色，否则会显得太花哨，重点不突出。面的感觉较强的服饰品有围巾、扁平的包袋、帽子、披肩等，对于服装整体搭配而言，可以创造性地使用这些不同面积的服饰品来统一服装整体造型。

　　用工艺手法对面料的部分再造，或在面料上缝上珠片、绳带等在服装上形成面的感觉，是许多服装设计师常用的手法。它兼有图案的某些特点。创意服装、表演服装或晚礼服经常使用这种手法（图1-11）。

❹体

　　服装中的体造型主要通过衣身结构设计、多层裁片叠合缝制、使用裙撑和撑垫物、多层衬料、在双层材料中间使用填料、经由皱褶面料反复堆积或者用绳带、抽褶等反复系扎而形成体量感。如蓬松、裙体、多层结构的裙身、灯笼裤、皱褶面料、羽绒服绗缝、肥大蓬松的裘皮大衣等都是体的表现。通过零部件来表现的体造型，如立体袋、大装饰袋、灯笼袖、束肘袖、蓬松凸起的大领子等突出于服装整体部位，具有较强的体积感。服装整体搭配中使用最多的、体积较大的服饰品如包袋、帽子等都是体造型。

　　体感较强的服装多选用塑型效果较好、容易定型的面料，在制作上工艺复杂、程序繁多，需要有精湛的制作技巧，通常都是用立裁的方式完成，因为平面的剪裁方式往往难以塑造理想的立体型。对于一般的实用服装来说，可能不会有太过强烈的体积感，但在建筑风格、休闲风格、复古风格和前卫风格的服装中经常出现。许多表演服装设计，创意服装设计，华丽、繁复风格的晚礼服或婚纱的设计中体造型的表现非常明显（图1-12）。

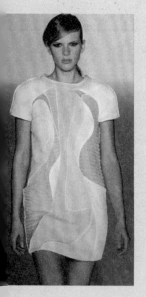

图1-11 面在服装上的应用

图1-12 体在服装上的应用

三、服装造型要素的运用

首先，点、线、面、体的概念都是相对而言的，有一定的模糊性。如服装上的装饰丝带，就很难说清是线还是点，纽扣一般被看做小的点，但将一颗硕大的纽扣运用在创意服装中就变成了面的运用。因此，在服装设计中首先应该根据造型元素相互之间所形成的比例关系来确定其概念。其次，要分析这些要素的可变性和在服装中的造型风格特点，对其灵活处理，完成点、线、面、体之间的相互转化，避免使设计公式化。

四、服装造型要素的应用方式

造型要素的应用方式主要分为单一要素和多种要素的结合两种。单一要素结合是指在整件服装或服装的某一部位只使用一种造型要素。单一要素结合主要通过在大小、方向、体积、数量、面积上的变化，或者色彩、形状、材质和位置的变化等进行重复、穿插、层叠等，从而取得造型设计上的变化感和视觉上的丰富感。这种造型方式极易形成统一，不会显得冲突或太过繁琐，但如果运用得不够熟练，就容易使服装造型显得生硬和单调。单一要素造型一般在比较严谨正规的服装中使用较多。多种要素的结合使用可以使造型的空间、虚实、量感、节奏、层次达到和谐与统一，使得设计富有艺术感染力。多种要素并用一定要分清主次、相互统一，使每一种要素都有其形式美感和设计内涵。如果生搬硬套、大量堆积，不符合形式美的原则，就会使服装造型缺少视觉中心和设计亮点，毫无美感可言。

第三节
服装的结构线设计

服装中的结构线，是塑造廓形最基本的手段。服装的结构线是指体现在服装各个拼接部位，构成服装整体形态的线。服装结构线是依据人体曲面而确定的，具有塑形性和合体性。合理的结构首先是为了合身舒适、便于行动，然后才是强调其装饰和美化作用。服装结构线设计一定要根据不同面料的可塑性来选择合适的结构线处理方法，以使结构线与材料互相适合、切合人体。服装结构线的种类及特点如下：

一、省道线

平面的布料要在凹凸起伏的人体立体曲面上塑型，就要顺应人体结构，把多余的布料剪裁掉或者收褶缝合掉，被剪掉或缝褶部分就是省道，其两边的结构线就是省道线。省道设计是为了塑造服装合体性而采用的一种塑型手法。此外，许多设计师把省道设计当成一种变化设计的手法，例如，在省道处加嵌条、装饰线或者省道外折等。

省道根据所设的不同位置分类，上装有胸省、后背省、手肘省等。下装省的位置相对比较固定，多集中在腰臀部和腰腹部，所以下装的省道又叫臀位省和腹位省。

胸省是以胸高点即以女性乳房最高点为中心，向四周展开成许多放射线，每条线与裁片边缘线相接而形成不同位置的省道。胸省设计是女装设计的重要内容。省道转移在服装结构设计中十分重要，省道收得合理与否是决定服装板型好坏的重要因素。胸省主要分为七种基本类型：即腰省、侧缝省（腰斜省）、腋下省、袖窿省、肩省、领省、前中缝省，分别以其省根所在的位置线命名。在实际设计中，胸省的具体形状很多，但都是以上述基本省道进行相应的省道转移得来的。在服装设计中，胸省可以单独使用，也可根据造型要求联合使用袖窿省、腋下省与腰省等。背省按省根位置可分为肩背省、腰背省、腰臀省三种，背省也可根据造型要求联合使用。

下装省道主要为解决腰、臀差量，使得裙装或裤装在腰部合体美观，因此需要在腰部、臀部、腹部作适量的省量。腰节线附近收的省就是典型的腰臀省，通常也叫做腰省。女装的臀部曲线比较明显，收臀位省还有一个重要的功能是使得下装能够挂于腰部，现代服装讲究简洁实用，许多裙装和裤装都不束腰带，对臀位省的结构设计要求更高。如在连衣裙的设计中上装省道设计时还可以与下装省道联合使用。

人的体形千变万化，所以省道的处理要根据体形而定，差异性地选择省位与省道、省道的长短及省量的宽窄，以满足各种不同的体形特征，使其以达到合理造型的目的。在服装向个性化发展的今天，省道的设计更为讲究，设计师更要注意省道的合理设计。

二、分割线

分割线又称剪辑线、开刀线，它的重要功能是从造型需要出发将面料分割成几部分裁片，然后再缝合成衣，以求服装适体美观。由裁片缝合时所产生的分割线条，既具有造型特点，也具有功能特点，它对服装造型与合体性起着主导作用。

分割线通常被分为两大类：结构分割线和装饰分割线。结构分割线是指具有塑造人体体形以及加工方便特征的分割线。结构分割线的设计不仅可以设计出新颖的服装款式造型，如突出胸部、收紧腰部、扩大臀部等，充分塑造人体曲线之美，而且结构分割线具有实用功能，在保持造型美感的前提下，可以最大限度地减少成衣加工的复杂程度。以简单的分割线形式，最大限度地显示出人体轮廓的重要曲面形态，是结构分割线的主要特征之一。如公主线的设置，其分割线位于胸部曲率变化最大的部位，上与肩省相连，下与腰省相连，通过简单的分割线就可把人体复杂的胸、腰、臀部的形态描绘出来。装饰分割线是指为了服装造型的设计视觉需要而使用的分割线，附加在服装上起装饰作用。结构装饰分割线的设计既要塑造美的形体，又要考虑到工艺的可行性，对工艺有较高的要求。

单一分割线在服装中所起的装饰作用是有限的，为了塑造较完美的造型以及迎合某些特殊造型的需要，两种分割线的结合是必要的。分割线数量的增加必须讲究比例美，保持分割线整体的平衡感和韵律感。分割线所处部位、形态和数量的改变会引起服装设计视觉效果的改变。

在不考虑其他造型因素的情况下，服装中线构成的美感是通过线条的横竖曲斜与起伏转折以及富有节奏的粗犷纤柔来表现的。曲线型分割线显示出活泼、秀丽、柔美的韵味，多用于女装；而刚直豪放的直线，则是男装构成的主要线条。

分割线可分为垂直线、水平线、斜线、曲线四种基本形式，在服装造型中具有重要的价值。它既能构成多种形态，又能起装饰和分割造型的作用；既能随着人体的线条进行塑造，也可改变人体的一般形态而塑造出新的、带有强烈个性的形态。如垂直分割线往往与省道结合，给人以修长、挺拔之感；水平线分割线有加强幅面宽度的作用，有时女装设计在这类分割线上加以绲边、嵌条、缀花边、细皱褶等工艺手法作为装饰；斜线分割线运用得当能产生轻松、活泼、动感的效果；曲线运用得巧妙自然，可给人以潇洒、灵活、柔和、优雅、别致的感觉。

三、褶

褶是服装结构线的另一种形式，它将布料折叠缝制成多种形态的线条状，给人以自然、飘逸的印象。褶有一定的余量，便于活动，还可以弥补体形的不足，也可起装饰效果。褶在服装设计中运用广泛（图1-13）。即使同样技法，打褶位置及方向、褶量不同，也会显示出不同效果。

褶根据形成手法和方式的不同可分为两种：自然褶和人工褶。

自然褶是利用布料的悬垂性及经纬线的斜度自然形成的褶。自然褶具有自然下垂、起伏自如、生动活泼的特点，会随着人体的活动产生自然飘逸、优美流畅的韵律，具有洒脱浪漫的韵味。圆台裙的自然褶最具典型性；仿古希腊、古罗马的披挂服装，运用立体裁剪方法而得到的褶纹随意而简练。设计中的自然褶会形成许多意想不到的美妙效果，因此设计师都热衷使用。在女装中自然褶的设计多运用在胸部、领部、腰部、袖口、下摆等处。

人工褶指经过人为的加工折叠或将布料抽缩、缠绕堆砌而得到的褶。人工褶包括褶裥、抽褶、堆砌褶等。

褶裥是把面料折叠成多个有规律、有方向的褶，然后经过熨烫定型处理而形成的。褶裥根据折量大小有宽窄之分，宽褶裥服装显得非常大方；而窄小细密的褶裥则显精致，如百褶裙。褶裥根据折叠的方法不同，有顺褶、箱式褶、工字褶、风箱式褶之分。褶裥根据缝合方式不同又可分为明线褶和暗线褶、活褶和死褶。明线褶装饰性强，柔中带刚，经常用在休闲女装或男装中；暗线褶隐蔽性较好，外形美观。活褶易于活动，可与条纹、格纹、印花面料配合使用，人活动时图形在视觉上会呈现出错落有致、层次丰富的效果。褶裥的折叠方向，可以是垂直排列的，也可倾斜排列或水平排列，具体设计时要灵活搭配使用。如宽褶与窄褶交错、活褶与死褶灵活运用，可以掩盖形体缺陷，还可以加强设计的韵律感，取得饶有情调的设计效果。褶裥在人工褶中最具代表性，具有整齐端庄、大方高雅的感觉。褶裥设计在服装中的运用一定要注意选用定型性好的面料，否则会影响设计效果。

抽褶也是人工褶之一。抽褶有不同的成形方式：一是用缝纫机将布料抽缩缝合形成的皱褶；或者用橡皮筋、弹性带子等拉紧缝在布料上，再自然回弹将布料抽紧形成皱褶。另一种成形方式是将长度不同的面料进行缩缝或在面料上打孔穿绳带抽紧后形成细碎小皱褶。抽褶比较整齐有规律，处理手法介于人工和自然之间，给人以蓬松柔和、自由活泼的感觉，若选用柔软轻薄的面料缝制皱褶则效果

图1-13 褶在服装中的应用

更好，它比褶裥灵活柔软、典雅细腻。抽褶在女装与童装中运用极多，富于变化，其使用位置也较多，如领口、裙边、袖、前胸、覆肩、腰部等处均可使用。抽褶的形式多样，如中间抽褶、单边抽褶或双边抽褶等；其形状有灯笼状、喇叭状等，可随心所欲、自由变换。

堆砌褶又叫牵拉褶，是利用缠绕堆砌在服装上形成强烈的褶纹效果。堆砌褶是一种面感和体感较强的人工褶，可以说是对服装材料的再创造。设计师可以用面料直接在人台或模特身上进行单层旋转缠绕或交叉缠绕立体设计，或双层堆砌，或平行堆砌，或螺旋式堆砌，或呈放射状堆砌，还可不断改变其间距以寻求变化，使得原本单调的面料富有层次、平添韵味。还有一种典型的堆砌褶的构成形式，就是在原本平面的服装之上层层堆砌褶构成设计元素，如在某一部位大量堆砌手工绢花、缝扎成褶的配件等。堆砌褶常用在晚礼服或婚纱设计中，一般使用较为柔软华丽的面料，让人感觉典雅高贵、精致华美。

服装结构设计中只有根据不同的款式风格和体态特征，巧妙地运用省道、褶裥，充分考虑内外结构线的统一，才能使服装造型更为丰富多彩。

第四节
服装的局部设计

服装的细节在服装设计中是最为精彩的部分，是设计师审美情趣的表达。服装的造型细节设计包括零部件的设计和装饰性细节设计。服装部件是服装上兼具功能性与装饰性的主要组成部分，如领子、袖子、口袋、腰头、袢带、装饰配件等。部件设计既受整体服装的制约，又有自己的设计原则和设计特点，精致的部件具有较强的变化性和表现力，往往可以打破服装本身的平淡，起到画龙点睛的作用，成为服装的卖点与流行要素。

一、领的设计

衣领是服装上至关重要的部件，因为领子与领口靠近人的头部，它在服装中容易起到集中视线的作用。在女装设计中，领型是变化最多的部件。衣领的设计以人体颈部的结构为基准，通常要参照人体颈部的四个基准点，即：颈前中点FNP（颈窝点）、颈后中点BNP、颈侧点SNP、肩端点SP。领子设计出来的样式既要适合于脸形，又要符合脖颈的状态（图1-14）。

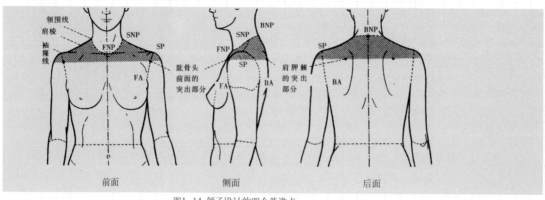

图1-14 领子设计的四个基准点

衣领的构成一般包括领线与领型两个部分，其构成因素主要是领线形状（横开领和直开领）、领座高度（领子立起来的高度）、翻折线的形态、领的轮廓线形状以及领尖修饰等。衣领的设计极富变化，式样繁多，每种领型都可以通过上述这些要素的变化而发生改变，使服装具有全新的设计效果。衣领设计主要分为以下几种类型：

❶ 连身领设计

连身领顾名思义是指与衣身连在一起的领子，相对比较简洁、含蓄。连身领包括无领和连身出领两种类型。

无领是领型中最简单的一种，其以丰富的领围线造型作为领型。通常无领有圆形领、方形领、Ｖ形领、船形领、一字领等几种领型（图1-15）。

圆形领又叫基本形领，具有自然简洁、优雅大方的特点，而且穿脱方便，适用于套装、休闲装、内衣的设计。

方形领也叫盆底领，其造型特点是领围线比较平直，整体外观基本呈方形。领口的大小、长短可随意调节，领口大则具有大方高贵之感，小则相对严谨。

Ｖ形领的领型外观形状呈V字母形，分为开领式和封闭式两种。开领式多用在睡衣、西装马甲及职业装，封闭式多用在毛衫、内衣的设计中。Ｖ形领可以使得脖子显长，比较适合宽胖脸形。改变领子的大小宽窄，会有不同的风格倾向，如小Ｖ形领给人以文雅秀气之感，大Ｖ形领则显得活跃大气。

船形领，因其形状像小船故得此名，在视觉上感觉横向宽大，雅致洒脱。船形领的领型变化范围也很大，多用于针织衫、休闲装等的设计中。

一字领，前领线高，横开领大，外形像汉字的"一"字故得名。一字领型给人以高雅含蓄之感，大露肩"一"字形领，则显得比较妩媚柔和。

(a) 大圆形领

(b) 大"一"字领

(e) 船形领

(f) 方形领

(c) V形领

(d) 几何领线

(g) 不对称领

(h) U形领

图1-15 不同的领线设计

连身出领是指从衣身上延伸出来的领子。连身出领的变化范围较小，需要一定的工艺手段支持，如加省或褶裥，使之符合脖子结构，不宜选择太硬的面料（图1-16）。

无领的设计主要以其领口的开口大小、形状的改变和丰富的装饰工艺处理变化，产生不同风格以适应各种服装的需要。一般来说曲线形领线显得优雅、华丽、可爱，直线形领线相对严谨、简练、大方；领口大显得随意自然，领口小则相对显得拘谨、正规。最简单的东西往往最讲究其结构性，无领设计在服装领口与肩颈部的结合上要求很高。无领型设计一般用于夏装、内衣、晚礼服以及休闲T恤、毛衫等的领型设计上，服装设计时应根据整体风格的需要选择合适得体的领线。

❷ 装领设计

装领是指领子与衣身分开而单独装在衣身上的领型。有时为了某种设计要求，装领不与衣身缝合，而是通过纽扣等装接活领，如风衣、防寒服可装卸的领子。装领的外观通常有几个决定因素：领座的高度、领子的高度、翻折线的特点以及领外边缘线的造型。根据其结构特征装领主要可归纳为：立领、翻领、驳领和平贴领四种类型。

立领是一种没有领面，只有领座的领型，其特点是严谨、典雅、含蓄，造型简练别致，如旗袍领、中式立领、护士服领、学生装领等。立领一般分为直立式和倾斜式两种。倾斜式又分为内倾式和外倾式，内倾式是典型的东方风格立领，其与脖子之间的空间较小，显得含蓄内敛；而欧洲立领大都属于外倾式，领型夸张、豪华，装饰性极强。立领开口以中开居多，但也有侧开和后开，通常侧开和后开从正面看更优雅、整体感更强。立领边缘形状高度不一，变化多样，还可与面料结合创新出一些新造型，如皱褶形、层叠形等（图1-17）。

翻领是领面外翻的一种领型，可分为无领座和有后领座两种，男士衬衣领属于加了领台的翻领，女士衬衣可根据个人喜好或服装风格自由选择。前领角是其款式变化的重点，尤其是女装衬衫领、小翻领等，可以设计成尖形、方形、椭圆形等，可长可短，还可以加花边、镂空、刺绣等。翻领如大翻领或波浪形领等，则主要是依靠领子轮廓的造型变化而产生的。翻领可以与帽子相连，形成连帽领，兼具两者之功能。翻领设计中要特别注意翻折线的形状，翻折线的位置找不准，翻过来的领子就会不平整（图1-18）。

图1-16 连身出领的设计

图1-17 立领

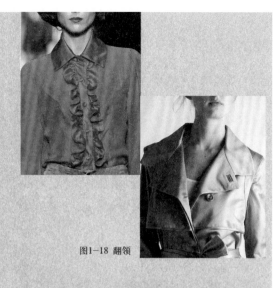

图1-18 翻领

平贴领，又叫坦领、趴领或摊领，是指一种平展贴肩仅有领面而没有领座或领座不高于1厘米的领型。平贴领一般要从后中线处裁成两片，装领时两片领片从后中连接叫单片平贴领，如海军水手领，在后中处断开叫双片平贴领。平贴领是一种为设计师提供广泛创意空间的领型，变化空间也很大，设计时可在领边加条状边饰，或领前缀飘带或蝴蝶结，也可处理成双层或多层效果等（图1-19）。

驳领是将领子与衣身缝合后共同翻折的领型，前中门襟敞开的一种领型。衣身的翻折部分叫驳头。驳领的形状由领座、翻折线和驳头三部分决定。小驳领显得优雅秀气，大驳领较为休闲。驳领要求翻折在身体正面部分与驳头部分要非常平整地相接，翻折线要平伏地贴于颈部，因而结构工艺比较复杂。

根据领子和驳头的连接形式和设计方法不同，可将驳领分为平驳领、戗驳领和连驳领。其中，连驳领是一种将领面和驳头连在一起，没有串口的领型，如青果领、燕尾领等。驳领的设计变化由领深、领面宽窄、驳头和刻口的造型、串口线的位置以及颈部的帖服程度来决定。驳领显得庄重、干练、成熟，常用于男女西服、套装、风衣、大衣的设计中（图1-20）。

图1-19 平贴领

图1-20 驳领

❸组合领设计

在实际的设计中，领型会有多种变化，两种或几种领型的组合设计可以形成独特的新领型。例如，翻领型与立领型可组合成为立翻领、军装领，平贴领也可与立领组合成各种装饰领，驳领还可与立领组合而成立驳领，驳领还可以变化成青果领、马面领等。因此设计时要根据设计需要灵活运用各种领型，进行变化设计（图1-21）。

二、袖的设计

袖子也是服装重要的部件之一，其筒状造型与服装整体造型关系很大。袖子的造型千变万化，各具特色，主要根据手的自然形态和一般的运动规律以及审美的需要来设计。首先适体性要好，其次袖子设计一定要与服装的整体造型风格相统一。根据衣身与袖子的结构关系，可分无袖、连袖、装袖、插肩袖四种主要设计形式（图1-22）。

图1-21 变化领

 (a) 无袖   (b)插肩袖   (c) 装袖   (d) 连袖

图1-22 四种基本袖型

❶ 无袖设计

无袖设计因袖窿位置、形状、大小的不同而呈现出不同的风貌，使人看上去修长、苗条，常用于夏装、连衣裙和晚装的设计中。

❷ 连袖设计

连袖，又称中式袖、和服袖，其衣身和袖片连在一起，肩部的造型平整、圆顺。蝙蝠袖是其变化形式之一，袖子与衣身互借。连袖具有含蓄、高雅、舒适、宽松、方便的风格特点，多用于休闲装、家居服装、中式服装的设计中。

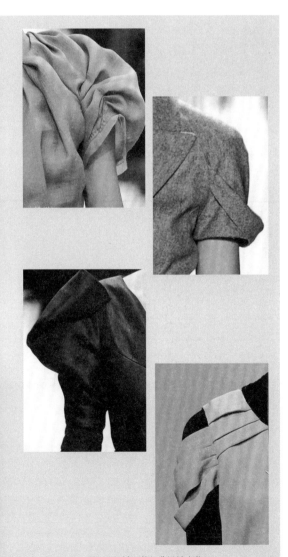

图1-23 袖型的细节设计变化

❸ 装袖设计

装袖是根据人体肩部及手臂的结构特点，将衣身与袖片分别裁剪，然后装接缝合而成的一种袖型，该袖型最符合肩部造型的结构，合体美观，静态效果较好，适用范围很广。装袖的袖山与袖肥的关系：一般袖山高，则袖肥窄小，袖山低，则袖肥宽。根据适体性，装袖分为紧身袖、合体袖和宽松袖三种。合体袖多采用两片袖结构，一般在肘部收省，能很好地符合手臂下垂的自然曲度。装袖还可以分为圆装袖和平装袖。西装一般都是圆装袖形式。平装袖与圆装袖结构原理一样，但不同的是多采用一片袖的裁剪方式，袖山高度不高，袖窿较深且平直，肩点常常下落，所以又叫做落肩袖。平装袖穿着宽松舒适，简洁大方，多用于外套、风衣、夹克、衬衫等的设计中。

❹ 插肩袖设计

插肩袖的肩部与袖子是相连的，袖山由肩延伸到领窝，整个或部分肩部被袖子覆盖，有插肩袖、半插肩袖之分。插肩袖既有连袖的洒脱自然又有装袖的合体舒适，其结构线流畅简洁而宽松，行动方便自如，这种袖型适用于大衣、风衣、运动装、连衣裙等服装，通过袖窿线的不同变化还可以产生多种多样的款式。所以，插肩袖是一种富于变化的袖型。

❺ 袖型的设计变化

衣袖设计主要设计部位在袖山、袖身、袖口三部分。袖窿、袖山、袖子的长短、肥瘦配合多变的装接拼缝方法，使得袖子款式丰富多样。服装流行和设计需要的不断变化，会对服装的造型、风格产生重要影响。当宽松式服装流行时，可用连袖或插肩袖；当紧身或合体型服装样式流行时，可用装袖，也可用连袖或插肩袖。有的采用特殊的衣肩袖结构分割处理，如落肩袖、覆肩袖；有的在袖山处运用省、褶裥、皱褶的设计，夸张袖山的体积，如羊腿袖。另外，通过分割、组合或结构变化设计还可以产生更多的袖型变化（图1-23）。

三、口袋设计

口袋是服装上的主要部件之一，其种类多，形态丰富。口袋有很强的装饰性和实用性，设计得合理可以增加服装的趣味感、装饰感和层次感。口袋大体上可分为贴袋、挖袋和插袋。

贴袋是将布料裁剪成一定的形状后直接缝在服装上的一种口袋，完全展露在服装表面，制作简便，样式变化极多。贴袋的设计是服装整体风格的一部分，因此贴袋的设计必须考虑与服装风格一致。

挖袋是在衣身上按一定形状剪成袋口，袋口处以布料缉线固定，内衬以袋布的口袋。挖袋分开线挖袋、嵌线挖袋和有袋盖的挖袋三种。

插袋是指在服装拼接缝间留出的口袋。由于口袋附着于服装部件，袋口与服装接口浑然一体，使服装具有整体感、简洁、高雅精致的特征。插袋上也可加各式袋口、袋盖或扣襻来丰富造型。

多口袋的成衣设计强化了口袋的装饰作用，代表了某一个时期的流行趋势。因此在进行口袋设计时，需要注意局部与整体之间在大小、比例、形状、位置及风格上的统一。

一般来说，正装、制服、工作服、运动服设计都围绕着功能展开，比较注重口袋的造型设计、功能、工艺细节的处理。但晚礼服、睡衣、舞会装等不强调口袋的设计；轻薄面料做的服装以及紧身合体的服装大多不做口袋，以保持服装的飘逸和舒适感等。

四、其他细节设计

在服装的门襟、腰部、袖口、裤脚处打褶、刺绣等，都能起到装饰效果，给服装以趣味变化。另外，配饰运用于服装局部，既能起到与服装整体风格相统一的作用，又能达到强化服装个性的目的，如饰带、刺绣、蕾丝、腰带、领带、领结、珠片以及纽扣、拉链、勾环、挂件、标牌等。

第五节
形式美原理在服装设计中的运用

服装是由材质、色彩、形态三种要素构成的。美的服装会让人在心理上产生愉悦感，从这个角度讲，服装同样可以被视为艺术品。

形式美原理是指除造型内容和目的之外的纯粹美的构成形式规律，形式美原理是对自然美加以分析、组织、归纳、整合、单纯化，如比例、平衡、对比与统一、反复与交替、渐变与韵律、协调、强调等，从本质上讲就是变化与统一。这在设计中具有普遍意义，应用范围十分广泛。但形式美原理的应用不是机械的，服装设计中设计师可融合自己对线条、体量、色彩、整体性、稳定、和谐、秩序的感受和美的体验，运用独特的匠心和艺术才华，对服装材料进行组织、构成、叠积、裁剪，创造出具有视觉美感的服装。服装设计的形式美体现在服装的款式、色彩以及材料的处理上，下面分别阐述这些形式美原理及其在服装设计中的应用。

一、比例

比例是指服装整体与部分或部分与部分之间都存在着的长度或面积的数量关系，或通过质和量的差所产生的某种平衡关系。比例美是一种数量关系的对比美。比例在形式上主要有：黄金比例、费波那奇数列比例、等级差数的比例等。

比例在服装中的应用一般有两种类型：比例分割和比例分配。比例分割是在服装整体效果的基础上，创造个体与个体之间、个体与整体之间的比例关系，如在单件服装中分割线的位置、服装局部与整体之间的比例。比例分配是指附加于整体之外的两个或两个以上独立个体相互之间，或独立个体与整体之间确定的某种比例。前者如零部件、服饰品相对于服装整体的位置设计，后者运用在多件服装搭配中，如服装内外或上下的层次、大小比例搭配关系，不受单一整体的局限，比例形式灵活、更富于变化。服装附着在人体上，外观上会在一定程度上受人体形态、比例的影响，因此在服装设计中的比例应用，应主要考虑以下几个方面：

①裙子、上衣等服装的腰线位置与人体的长度、宽窄的比例关系；

②服装的零部件面积大小、位置安排等因素与人体身材、形态的比例匹配关系；

③服饰配件的大小、位置安排与人体身材、形态的比例搭配关系；

④色彩、纹样的布局与面积大小、位置安排等因素的比例搭配关系（图1-24）。

二、平衡

平衡在力学上是指重力关系，在服装中是指构成的各基本因素之间，形成既对立又统一的空间关系，如大小、粗细、明暗，以及质感、量感，所形成的一种视觉上和心理上的安全感和平稳感。设计师考虑的平衡更多的是视觉效果上的平衡。平衡包括对称和均衡（非对称平衡），对称是静态的，而均衡是动态的（图1-25）。

对称的常见形式有左右对称、上下对称等。人体的自然形态基本上是依中轴线左右对称的，穿着对称的服装比较自然、平稳。中国传统服装大多呈对称形式，如对襟坎肩、朝官服等。对称是一种常见的服装形式，多用在正装、男装和职业装中。对称的服装显得庄重、严肃、正式，但又稍显保守、单调而缺少动感，一般可用服饰配件搭配来增添变化。

均衡是指以外轮廓某一部位的结构设计、色彩、图案或面料质感、肌理或装饰手法等方面的合理安排来取得视觉上的相对平衡。均衡在形式上有均衡、非均衡等，其形式灵活多变，富有层次感，更能

图1-24 比例在服装中的应用

图1-25 平衡在服装中的应用

体现动感和柔和感。如，中式装的偏门襟设计、不对称的纹样应用。后现代主义影响下的现代时装设计多采用非对称形式，给人以不安定、运动感，明确表明他们对秩序欠缺尊重，换言之是一种突破。它打破了过去平稳、古典的平衡美，创造了一种新的平衡。

三、旋律

旋律又称节奏，原是音乐术语。在服装设计中指造型元素以一定的间隔和方向按规律排列，连续反复而产生的韵律，它能为设计增添趣味与变化，是设计的常用手段之一。其变化形式有：有规律的重复、无规律的重复和等级性的重复（渐变）三种，在视觉感受上也各有特点，在设计中要结合服装风格巧妙应用（图1-26）。

❶重复

重复是成衣结构设计方法的一种，指在一件衣服上不止一次地使用某种特定设计元素的方法。一个特征可以规则地或不规则地被重复，以多样的效果寻求设计统一。例如织物纹样、图案或装饰物、细节和装饰线的重复等。打破重复会给人以不协调的感受，但也可以取得新异的效果。

❷反复与交替

反复指设计上同一个要素连续出现两次以上，交替是指把两种以上的要素成组轮流地反复。无论是结构细节、肌理质地，还是图案、色彩或装饰有秩序地间隔出现，都可成为反复的元素，交替反复使整体显得生动活泼。反复既要使要素保持一定的联系和变化，又要使要素之间保持适当的距离。要素之间反复的间隔过于接近，会显得过于统一；间隔过大，要素之间的关系则会显得疏远。

(a) 重复　　　　　(b) 反复

(c) 交替　　　　　(d) 渐变

图1-26　旋律在服装中的应用

❸渐变

渐变即等级性的重复，与单纯的反复相比，渐变是在量、形态、距离、颜色、大小、粗细、密度、强度或面积上，从大到小、从宽到窄所形成的渐进变化。渐变的形式多样，或中心放射，或左右，或上下。

四、对比与统一

对比指质和量相反或极不相同的要素排列在一起而形成的差别和对立，如将直线和曲线、凹形和凸形、粗和细、大和小等相互矛盾的元素并置。在服装设计上通常采用要素间的相互对比，增强特征，给人以明朗、清晰的感觉。对比或强烈或轻微，或模糊或鲜明，但无论哪种对比都会比单色的应用更富于变化，对比也必须要在统一的前提下追求变化。

服装设计中通常有款式对比、材质对比、色彩对比和面积对比四种对比形式。款式对比指造型元素在服装廓形或结构细节设计中形成的对比。材质对比指对性能和风格差异很大的面料的运用，使之形成对比，来强调设计。面积对比主要指各种不同色彩、不同元素的面积构图的对比。色彩对比指同类色、邻近色、对比色和互补色之间的对比（图1-27）。

(a) 统一　　　　　(b) 统一　　　　　(c) 对比　　　　　(d) 对比

图1-27　对比与统一在服装中的应用

统一是指服装设计中，通过对个体的调整使之与整体产生一种秩序感。统一只是一种状态，是秩序的表现。创造一种满意的组合，在服装设计中首先体现在色彩、材质、造型、工艺手段、装饰手法等方面的统一。另外还体现在使衣服与鞋帽、首饰、手饰、包、化妆、发型等的和谐上，构成体现着装者个性和品位的着装整体美。统一的形式主要有三种：一种是在设计中具有相同性质的元素重复使用形成的重复统一，如图案、边饰、零部件以及其他装饰设计；一种是强调整体中的某个设计重点使之形成视觉中心，其余元素以此为中心，与之协调形成中心统一；一种是主体部分控制其他从属部分而建立主从关系的支配统一，如材料、形状、色彩、花形纹样等都可以作为支配的要素，系列设计或服装组合搭配中，该手法运用得最多，效果最明显。服装的统一首先表现在整体风格上的统一，其次是上下装、外轮廓与零部件的关系、装饰图案及部位的关系的统一等。

五、强调

所谓强调是指在服装设计中突出身体某一部位，或突出某一造型元素（如色彩、材质肌理、结构）使之在整体中成为最醒目的部分，起到画龙点睛的作用（图1—28）。

（1）强调色彩

在设计中，通过对同一件衣服的不同部位、一套衣服的不同组成部分、系列服装不同单件之间的颜色对比的控制，可使整体和谐而富于变化。

（2）强调结构

如作为建筑设计师的皮尔·卡丹转行投身于服装业，其作品就十分强调几何结构的建筑结构味道和方圆对比。

（3）强调材质

恰当的材质往往能从根本上改变服装的等级与品位。

（4）强调装饰

通过刺绣、花边、盘扣、袖袢、肩袢、打褶、折叠、印花、手绘图案等工艺手段，来强调服装的整体美感。强调装饰应形成一个强调中心（视觉焦点），忌构造多个中心而使焦点分散。

六、协调

协调是指在服装设计中，两种或多种特点不同

图1—28 强调在服装中的应用

的元素结合而取得的统一、和谐的效果。在服装设计过程中，形状与形状之间、形状与色彩之间、材质与材质之间、色彩与材质之间、大与小之间、格调与格调之间都要相互协调。设计形式上有：类似特点要素间的协调、差异性大的对立要素间彼此加入对方的因素或在双方中加入第三者因素的协调、大小上的协调和风格协调。服装是由多种元素共同组合而成的，应恰到好处地运用造型要素，使之富有感染力（图1-29）。

图1-29 协调在服装中的应用

七、错觉

　　根据观察经验，人们对事物的主观判断与事实不符就是错觉，包括图形错觉、色彩错觉、运动错觉、空间错觉等。有时需要将视错觉运用在服装设计中，以弥补或修补人体的缺陷。例如，服装设计中利用条纹图案的间距变化使人体某些部位产生外凸或内凹感。而相同款式的衣服，用深色面料的设计要比浅色的显得苗条；利用竖条结构线或图案来使胖体型显苗条；腰带位置的上下移动也能使人的身高看起来发生相应的变化。现代波普艺术被应用到服装设计中的例子就能很好地说明这一点（图1-30）。

图1-30 视错的运用

【本章小结】

本章主要阐述了服装廓形的概念、类别及其特征，服装造型，服装造型要素点、线、面、体的概念、特征，影响服装廓形造型的主要部位、设计因素，服装廓形造型的设计方法，点、线、面、体在服装设计中的应用方法等。服装结构线是塑造廓形最基本的手段。服装结构线主要包括省道线、分割线、褶裥线等，服装结构设计要充分考虑内外结构线的统一。服装的造型细节设计包括零部件的设计和装饰性细节设计，服装的细节设计已经成为服装设计的重要元素。形式美的原理是指除造型内容和目的外的纯粹美的构成形式规律，是对自然美的抽象与单纯化，在设计中具有普遍意义，从本质上讲就是变化与统一。服装设计的形式美体现在服装的款式、色彩以及对材料的处理上。

【思考题】

1.服装廓形与人体的主要切合点有哪些？对服装廓形有何影响？对你的设计有何启发？

2.服装廓形设计时应该把握哪些相关因素？请举例说明。

3.不同类别服装与服装廓形塑造有何联系。

4.试分析服装设计中点、线、面、体的表现形式。

5.服装造型要素的应用方式有哪些？请举例说明。

6.试收集最新时装图片若干，分析近年来结构线设计的新特点。

7.服装中的褶有哪几种形式？试收集最新时装图片，进行归类分析。

【实践题】

1.收集服装款式局部细节设计资料，并对服装局部细节设计进行整理、分类，细心体会其设计特点，思考这些局部细节适合哪些服装类型。在此基础上进行1~2组的服装局部细节设计变化练习。

2.确定点、线、面、体四个造型元素中的某一元素为主要元素，进行变化练习，运用形式美原理设计1~2组款式（要求每组的服装款式数在8款以上）。注意其属性、形态、大小、数量、位置、方向等。

★ 知识目标

了解服装配色的基本知识，加深对服饰色彩搭配的认识。

★ 能力目标

提高服装色彩的搭配能力、鉴赏能力和创新意识；掌握服装配色的基本知识，能运用流行色进行服装款式设计。

第二章

服装配色设计

用色彩来装饰自身是人类最冲动、最原始的本能。无论古代还是现代,色彩在服饰审美中都有着举足轻重的作用。在现代社会中,色彩心理效应的研究已不局限于少数心理学家、艺术家的范围,而是越来越受到商业界尤其是服装设计界人士的关注。

古代受阴阳五行学说影响,《史记·历书》记载:"王者易姓受命,必慎始初,改正朔,易服色。"秦灭六国,"以为获水德之瑞,……色尚黑。"后长期以黄色为最尊贵,象征中央;青色象征东方;红色象征南方;白色象征西方;黑色象征北方。青、红、黑、白、黄五种颜色被视为"正色"。有些朝代规定,正色服装只有帝王官员可穿,百姓只能穿间色。

上古时,服装色彩较单纯、鲜艳,和同时期的陶罐装饰色彩大体雷同。以后红绿、黄紫、蓝橙等对比色调逐渐减弱,大量采用红黄、黄绿、绿蓝等邻近色彩,色调日趋稳重、凝练,整体调和,局部对比。现代服饰五彩皆备,以间色为多。

服装配色设计包括服装以及同服装相配套的服饰配件之间的色彩整体搭配。服装设计必须考虑服装色彩的流行规律及流行特点;不同性别、不同年龄、不同民族、不同地域的人对色彩的喜好和偏爱。并探求服装色彩的实用价值,研究服装色彩与人、环境、材料等相关因素的关系等。

服装的色彩除了具有装饰性以外,还具有很强的功能性。色彩的功能性在服装设计中运用得也比较广泛。例如:国外煤矿工人的服装采用白色,目的是在煤矿发生危险时,能够及时发现遇险工人而进行抢救;建筑工人的安全帽多采用明度、纯度比较高的色彩,目的是引起人们的注意,保证安全。在军服设计中迷彩服的色彩设计起到掩护和伪装的作用。迷彩服是作战服的一种,开始只有两三种颜色,后来发展到五六种颜色。为了更好地伪装,在一件迷彩服上不能有形状大小和颜色完全相同对称的图案。另外,迷彩服的色彩还要随着作战的地理环境和季节的变化进行科学的组合和设计。如在越战中,美国设计了五色迷彩服,其中黑土色占14.9%,沙土色占37.9%,褐土色占14.9%,黄褐色占13.3%,深绿色占12.5%。这种"林地型"迷彩服,同当地的杂草、石块、丛林十分相似。此外,还有适合荒漠的"荒漠型"迷彩服,适应冬季雪域地区的全白色迷彩服和海军常穿的以蓝色为主的四色迷彩服。最近国外又研制出自动变色迷彩服装,材质采用光色性染料,服可以随着环境的变化而改变色调。

我们通过对色彩视觉规律和色彩视错觉的研究,达到肤色、体态和色彩美的整体统一。服装色彩和自然界色彩相比较而言,服装色彩的选用局限性很大,要因人、因地、因时而易,所以说掌握服装色彩的搭配是服装设计师设计服装的重要环节。

第一节
服装配色方法

一、常规配色原则

色彩一般按同类色、邻近色、协调色、对比色等搭配。通常,同类色、邻近色和协调色较易组合搭配,而明度差距大或彩度高饱和色的搭配,有赖于对色块面积和纯度的把握(图2-1至图2-3)。

含灰的复合色配色,如图2-4、图2-5所示,为意大利著名设计师阿玛尼(Giorgio

图2-1 服装色彩搭配

Armani）作品。无彩色系黑、白、灰以及具有装饰点缀效果的金、银色配色，如图2-6至图2-8所示。

　　为营造一种强烈的色彩冲击力，在色彩搭配上常用一些对比的处理手法，如图2-9所示的色彩与款式的绝妙搭配，既有单品组合特色，又可产生出多种搭配组合；图2-10为意大利著名品牌范思哲（Versace）的产品，其鲜花图案装饰展现出浓郁的现代感。

　　一般在选用色彩时要考虑到人的体型、肤色、发色等因素，通过色彩的视错觉来弥补人体的某些缺陷，通过着装颜色特别是靠近脸部的服饰色彩以取得人的肤色与色彩间的协调。

　　服装色彩与其他元素的平衡协调，对个体着装来说是服饰形象指导的重点。对一般的成衣消费者来说要在色彩上注意人和衣、衣和环境、环境与人的协调。但对服装设计师来说，则要把握每季每个系列服装、店堂出样服装、服饰之间的色彩配置，以及它们之间的协调关系。

图2-2 服装色彩搭配

图2-3 服装色彩搭配

图2-4 含灰的复合色配色

图2-5 含灰的复合色配色

045

图2-6 服装配色   图2-7 服装配色   图2-8 服装配色

图2-9 对比

图2-10 意大利品牌范思哲产品

二、服装配色法则

❶ 色调配色法

(1) 色调重合配色

采用同一色相的两种或两种以上在色调上具有明度差的色彩来进行配色，也被称为单色配色。生活中一个单色物体的迎光面和背光面的配色，就具备了这种特征（图2-11至图2-15）。

图2-11 色调重合配色

图2-12 单色配色

图2-13 单色配色

图2-14 单色配色

图2-15 单色配色

（2）类似色调配色

类似色调配色就是将类似的色调组合起来的配色方法，以一个色相为基础，在邻近或类似的色调范围内选择（图2-16至图2-20）。

（3）基调配色

基调配色是在作为基础的色调中，加入中明度、中彩度的中间色色调的方法（图2-21至图2-25）。

以高彩度区域的色调为基调的配色，给人以一种强烈的感觉。若在其中加入一些中彩度的色调，就可以控制这种强烈的感觉，给人一种朴实的印象。

以低彩度的色调为基调的配色中，整体配色的感觉是由支配整体配色的色调来体现的。

❷ 季节配色法

季节配色法是一种以季节的色彩感为主体的配色方法。

（1）春的印象配色

春天会让我们想起桃花那样的淡色调，郁金香那样的明亮色调，所以，粉色、黄色、黄绿色等组成的明亮色彩组合，能充分体现春的色彩感(图2-26至图2-30)。

图2-16 类似色调配色

图2-17 类似色调配色

图2-18 类似色调配色

图2-19 类似色调配色

图2-20 类似色调配色

图2-21 基调配色

图2-25 基调配色

图2-24 基调配色

图2-23 基调配色

图2-22 基调配色

图2-26 春的印象配色

图2-27 Victoria Bartlett 2009春夏作品　　图2-28 Victoria Bartlett 2009春夏作品　　图2-29 春的印象配色　　图2-30 春的印象配色

（2）夏的印象配色

夏天常常让我们想起阳光与海滩，所以富有活力的色调和健康明亮的色调较适合夏季的印象（图2-31）。图2-32为美国著名品牌马克·雅可布（Marc Jacobs）作品，太阳光的黄色与清爽的蓝色相搭配的补色组合犹如太阳的光线一样明亮、耀眼。图2-33为法国著名品牌赛琳（Celine）作品，通过红与橙的组合能表现出夏季的炎热。如要追求清爽的感觉，可在蓝色与蓝绿色中间插入白色，这也是不错的夏季印象组合。

（3）秋的印象配色

秋常让我们联想到柿子、枫叶、麦穗等果实成熟的感觉，充满着充实的暗色调和沉着而高雅的色调。在红、橙、黄的暖色系中，由浓重而深沉的色调向暗而素雅的色调渐变的配色会给人以秋的感觉（图2-34）。图2-35至图2-37为日本设计师渡边淳弥（Junya Watanabe）2009年作品。

（4）冬的印象配色

冬天给人的印象是白雪皑皑的无彩色季节。那灰暗的色调，像寒冷的夜空。而与之相反的圣诞节，却充满了绿与红搭配的生动感。白与黑，绿与红等有对比感的配色可表现冬天给我们带来的感觉（图2-38）。图2-39至图2-41为邓皓2009年时装发布会作品。

图2-31 夏的印象配色

图2-32 马克·雅可布作品

图2-33 赛琳作品

图2-34 秋的印象配色

图2-35 渡边淳弥2009年作品

图2-36 渡边淳弥2009年作品

图2-37 渡边淳弥2009年作品

图2-39 邓皓2009年时装发布会作品

图2-40 邓皓2009年时装发布会作品

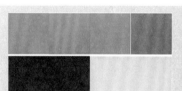

图2-38 冬的印象配色

图2-41 邓皓2009年时装发布会作品

第二节
服装流行色在款式设计中的运用

流行色是时尚服装的一个重要标志。流行色的预测和颁布的目的是为了指导生产、引导消费。日本流行色协会认为："企业要连续高速发展，始终立于不败之地，就必须始终抓住流行色的运用，在纺织品上，流行色就等于金钱。"可见流行色对商品的生产、销售和消费起着重大的指导和引导作用。

一、流行色的概念

流行色的英文名为"FASHION COLOR"，即时髦、时尚的色彩；也称为"FRESHLIVING COLOR"，即具有新鲜活力的时尚色彩。

流行色受当时社会、经济、科学、文化、消费心理等因素影响，具体表现为：在一定时期内、一定区域中，最受人们欢迎、喜爱，使用得最多的几种色彩，有时是几个色系。流行色的产生不是由少数人的主观愿望所决定的，而是由于人们对色彩的自然需求，是在一定的社会和市场基础上产生的。但实际上，我们现在所说的流行色已不能简单地解释为流行的色彩了，它已演变为一种时代文化现象，一种从者日众的时尚潮流。

二、流行色的预测

流行色的预测由流行预测咨询机构的专业人员来进行，并借出版物公布。大多数企业都要靠预测的信息来预测相关的变化并策划自己的产品开发，从而形成一种色彩消费的主流文化。流行色的预测及发布，是一种指导性发布，不同的品牌、不同的消费群所接受的时间和程度是不同的。但是流行色作为现代社会生活中特有的消费文化，已广泛地为人们所重视和接受。正因为如此，对纺织服装业的生产者和经营者来说，对未来流行色的应用、把握准确与否，会直接影响到纺织服装产品的销售业绩。

为了确保所发布的色彩信息有一定的准确性，各大组织机构都会对方方面面进行大量细致的调查研究。参与研究的人员除了色彩专家和设计师外，还有工商界等各方人士。要调查的对象很多，如近期内详尽、确切的销售统计数字及市场动态；世界各地近期发生的重大事件及其对人们心理的影响状况；国际上历年来色彩的流行情况及发展趋向；世界各地消费者的风俗习惯及色彩喜恶状况等。

对于国际性的流行色趋势发布，不能局限在某一地区进行调研，而应当顾及各个国家不同的色彩倾向。每年的国际流行色协会都要听取各国代表的意见，再对入选色彩进行分组和排列讨论。要经过长时间的反复磋商，新的国际流行色方案才会产生。

三、流行色在款式设计中的运用

流行色信息在服装中的应用，早已成为服装行业产品开发过程中非常重要的一环。虽然很多人十分关注也十分重视流行色，但在实际中怎样把流行色运用到服装设计中，怎样将流行色融入一个品牌的设计中，却是一项难度很大的工作。

中国流行色协会为了印证流行趋势预测的准确率和可信度，在每年流行色发布之后会根据企业对流行色的运用情况做追踪调研，对流行色的运用提供了很好的信息。以2000年发布的2001／2002秋冬流行色预测为例，中国流行色协会将2000年10月中、下旬国内市场上的当季服饰的新色彩与一年前预测的色卡进行对照，选择了恺撒、真维斯、海尔曼斯、艾格、名勋、巴黎世家等品牌新季上市的秋冬男女时装、休闲装进行比照。结果如下："恺撒"女装新款颜色21种，占预测流行色谱总数的53%，其中绛红色系列是销售最好的颜色之一；"真维斯"男女休闲装上市新装的颜色与预测色谱相符的有28种，占预测流行色谱总数的70%，绛红色系同样是最重要的色彩之一，并用在了男装上；"海尔曼斯"毛衫系列上市的新装颜色有20种与预测色谱相符，占预测流行色谱的50%；"艾格"上市的新装颜色占预测色谱的67.5%，并且很多服装的色彩与色卡相当一致；"名勋"、"海螺"、"巴黎世家"、"堡狮龙"、"巴路漫"等品牌，其上市的新装颜色均占预测色谱的50%以上。通过对2001年秋冬服装上市新品的色彩调研，对照一年以前发布的流行色，可以看出，在预测方案的40种色中，有39种色被应用到不同类型的服装新款中，成为2001年秋冬服装上市的时尚新色彩。

通过以上不同品牌对流行色的运用情况，我们不仅看到流行色的不可抗拒性，各个品牌都积极地将流行色纳入自己的产品中，而且更能看出各个品牌在采纳流行色的时候不是全盘接收，而是根据自己品牌的特点以及定位消费群的潜在色彩消费需求，有取舍、有变化地，分不同阶段、不同分量地将流行色融入自己的品牌中。

❶ 2009／2010年春夏亚洲服装色彩流行趋势提案（中国流行色协会）

本次提案主题是回归与融合，回归到以往我们一直喜爱的事物，同时，渴望通过交流来提高自我。服装的款式向单纯和井然有序的中性风格发展。同时打破了季节的概念，在春夏季节通过高科技的手段让轻薄面料显得厚重。以纸张作为灵感来源，延展纸张的交流，变换纸的不同质感，发挥纸张的色彩表现力，提供更为宽广的空间，利用质感的差异来表现不同色彩的性格特征。

主题之一：朴素的诗意

本主题以拒绝另类，消隐个性的粉彩及无彩色为主色调，并选用亚光质感的柔软宣纸与厚重的毛边纸作为灵感图素材。方格、褶皱、厚重、层叠、拼接等折纸效果，是都市人返璞归真、崇尚田园的直观宣言（图2—42）。

主题之二：自然影像

充满未来感觉的铁青，穿透玻璃的冷灰都是最能体现未来的颜色，那种冷冷的颜色在光滑的表面上反射着现代的光芒，而突破冷感的红黄色调给这组颜色带来了生命的活力（图2—43）。

主题之三：泼墨与印象

灵感图选择了覆染着国画颜色的宣纸与涂抹了油画颜色的粗糙布纹纸进行拼贴，暗示着中西文化交流的进一步深入，以及对多元文化的尊重与吸纳（图2—44）。

❷ 2009／2010年春夏女装流行色提案

主题之一：褐色系

源于自然的色调，沙滩、贝壳、岩石……永远是设计师无尽的灵感来源（图2—45）。

主题之二：绿色系

春夏绿色仍然当道，满眼的绿，清新、自然、返璞归真，却又深沉内敛，气度非凡（图

2—46）。

主题之三：红色系

金色加上棕色，再以黑色作为底色，对红色进行很好的衬托，营造出一种闪亮的效果，显得庄重而华贵（图2—47）。

主题之四：彩色系

被时尚界称为不老的流行色的黑色和白色成为主旋律，黑色则与蓝色、紫色结合在一起，变身"彩色系"（图2—48）。

图2—42 朴素的诗意

图2—43 自然影像

图2—44 泼墨与印象

图2—45 褐色系

图2—46 绿色系

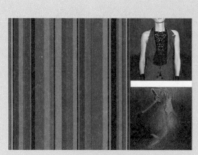

图2—47 红色系

图2—48 彩色系

❸ 应用实例

（1）"播"牌服装2009春
夏色彩方案—— 重逢唤起内心的
"波澜"

"播"牌女装关注都市工作
女性的生活状态，希望通过服装带
给她们对职场、对生活、对自己、
对他人的全新认识，并与之进行心
灵的沟通。"播"牌女装了解那些
外表知性有才华又曾经充满梦想的
都市工作女性内心深处的渴望，一
直致力于通过自己的品牌哲学和设
计为这些都市女性的心灵指点迷
津，为她们重新建立起正确的观念
和形象，让她们获得前所未有的自
我感觉和内心力量，从"迷失"的
状态中走出来。

1）2009年春夏主题色彩及运
用，如图2-49至图2-55所示。

2）2009年春夏四大主题系列
（图2-56至图2-63）。

图2-49蓝调风情

图2-52 冷静初夏

图2-50 "播"牌女装2009
年春夏主题色彩

图2-51 "播"牌女装
2009年春夏主题色彩

图2-53 "播"牌女装
2009年春夏主题色彩

图2-54 "播"牌女装
2009年春夏主题色彩

图2-55 "播"牌女装2009年春夏主题色彩

图2-56 春夏四大主题系列

图2-57 春夏四大主题系列

图2-60 春夏四大主题系列

图2-63 春夏四大主题系列

图2-58 春夏四大主题系列

图2-61 春夏四大主题系列

①职场：本季的职场系列，推出简约但不简单的概念。廓形保持简单、干练，但在细节处加入了精致的元素，如下摆的弧度、袖笼的量感，特别在面料的垂感上加强了女装的圆润和优雅。让女性在简单干练中，甩掉了标准化、硬朗化的通行模式，在职场中也能够体味更多的创意变化。

②休闲：本季的休闲系列运用了大量自然风格的图案，丰富的小花型变化让人眼前一亮，凸现出播牌女性精致、优雅的生活心态。同时，新推出的春天亮色与香草色、米灰色等基础色进行充分混搭，在颜色的视觉上呈现出新生的感觉。

③社交：本季的礼服系列将看不到上一季严实的包裹，设计师更多地采用了宽松的廓形，让身体更轻松和自由。为了适应都市女性的生活，"播"牌的礼服一直都强调搭配性，只要与腰带、手套、西装外套、针织衫等单品进行搭

图2-59 春夏四大主题系列

图2-62 春夏四大主题系列

配，就能够满足都市女性上班、约会、逛街、购物等不同的需要。

④东方：本季在褶皱、花瓣、条纹的变化运用上更富创意，体现出与众不同的自我世界；另外，本系列主打的棉麻面料今季都加入了不同比例的丝、丝绵、丝麻的大量运用，让禅意的主题得以充分发挥。

（2）"渔"牌服装2009年春夏色彩方案——弥香

"渔"牌服装在近几年的设计中利用服饰图案表现出了极强的装饰性，秉承传统文化与原创理念相结合，兼有时尚性，很好地传达了品牌的文化理念，其产品设计具有较强的商品辨识性。

2009年春夏色彩方案整体用色丰满多样，以鲜艳、跳跃、纯正的色彩作为春夏主打色，柔和的淡彩使古典的浓郁调变得轻松，民族风格较为鲜明。多彩色是本季的一大特点，如同一幅油画，堆叠笔触、附加颜色。阳光黄的明媚，珊瑚红的奔放，桃粉的浪漫天真，紫罗兰的文艺气质，陶蓝的醇厚，薄荷蓝、果绿的清凉，等等，丰富而有序(图2-64）。

2009年春夏的服装带有明显的20世纪70年代浪漫与随性的特征，碎花长裙，洋溢着年轻活泼的气氛，仿佛带人回到了那个充满鲜花和梦想的年代，鲜艳印花、镂空，睡衣式便装风格印花长裙，丝绸质地，流畅的长线条，宽松的廓形，飘逸并极富垂坠感的面料，随意而性感，更充分展现了女性的魅力（图2-65）。

图2-64 "渔"牌服装的色彩

图2-65 "渔"牌服装的色彩

1）本季色彩方案如图2-66至图2-74所示。
2）本季宣传图片如图2-75所示。

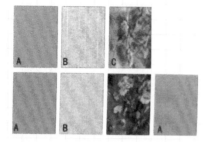

图2-66 珊瑚粉

图2-67 珊瑚粉

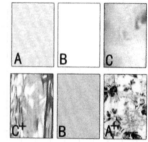

图2-68 春桃

图2-69 春桃

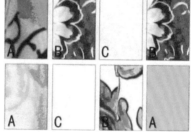

图2-70 天空蓝与阳光黄

图2-71 天空蓝与阳光黄

图2-72 "渔"牌服装

图2-73 "渔"牌服装

图2-74 "渔" 牌服装

图2-75 "渔" 牌服装宣传图片

【本章小结】

我们在考虑服装的各种组合设计时，配色起着非常重要的作用。对于流行的款式，其色彩也要表现出流行的趋势。配色设计在服装设计中具有很强的科学性和实用性，是服装设计中十分重要的内容。

在技术上，了解服装配色设计，是专业人士进入服装设计的重要一步。综上所述，我们可以得到如下结论：

色彩的常规运用原则——根据色彩搭配原理来使用色彩，在选用色彩时要因人而异，色彩的选择要与其他元素平衡协调。

流行配色法——包括色调重合配色、类似色调配色、基调配色和单色配色。

季节配色法——根据春夏秋冬的色彩印象进行配色，可体现生活情趣和个人魅力。

流行色——市场上常常会出现一时期内风行某种色彩而另一时期内风行另一种色彩的情形。这样，社会就形成了一种色彩潮流，这种现象用一个简单的词来概括，就是"流行色"。

流行色的预测——是色彩专家们根据直觉与联想进行重新组合后产生的意向。但是这种意向的出现并非偶然，它是色彩专家们综合来自各方面的信息资料，再经过大脑的思考而得到的必要结果。

【思考题】

1.色彩的常用规则有哪几方面？试举例说明如何运用色彩进行服装配色设计。

2.流行色是如何产生的？

3.跟进当季流行色，自行设计一套流行色在服装设计中的运用方案。

★ 知识目标

　　了解服装面料的不同特性，分析面料造型的不同变化手法及规律，归纳面料造型设计在服装风格中的表现。

★ 能力目标

　　能够识别不同的面料，熟练掌握各种面料的造型手法，并能综合运用。能结合不同风格的服装特点，灵活自如地运用面料造型变化来丰富服装款式。

第三章
服装造型设计与面料

第一节
服装面料的选择与应用

　　服装面料是构成服装的重要因素之一，是服装设计的载体。服装面料除了反映色彩以外，还反映原料和加工方法的不同。服装面料的外观会使人产生不同的视觉感受，如悬垂感、轻薄感、厚重感、挺括感、柔软感以及表面肌理的粗犷感和细腻感等。在服装设计中，服装面料的选择非常重要，其质地对服装外观的美感影响很大。设计者不仅要了解服装面料的性能，还要能把握服装面料的机能和造型特点。

一、机织物

　　机织物包括各种天然纤维织物、化学纤维织物和混纺织物。天然纤维织物主要有棉、麻、丝、毛等。化学纤维织物主要包括人造纤维织物及合成纤维织物，其中人造纤维织物主要有粘胶纤维织物等；合成纤维织物主要有涤纶、锦纶、腈纶等。混合物主要包括天然纤维与化学纤维混纺织物、化学纤维与化学纤维混纺织物。下面是一些主要机织物的服用性能及特点介绍：

❶ 棉织物的服用性能及特点

　　纯棉织物吸湿性强，颜色鲜艳，光泽柔和，富有自然美感，结实耐用，手感柔软，但弹性较差，易折皱，服装保形性欠佳，耐碱而不耐酸。用20％的碱水煮棉织物可起到丝光作用，使织物变白，并具有丝样的光泽。棉织物不易虫蛀，但易受微生物的侵蚀而霉烂变质，在使用、存放和保管中应注意防潮、防霉。

❷ 麻织物的服用性能及特点

　　天然纤维中麻的强度最高，湿态强度比干态强度高20％～30％。麻织物结实耐用，吸湿性极好，散湿快，导热性优良。因此，麻布衣料在夏季干爽利汗、穿着舒适，不易霉烂和虫蛀，光泽好、弹性小，但易起褶皱。在洗涤时应使用冷水，不刷洗，不会有起毛现象。染色性能好，具有较好的耐碱性，可进行丝光处理。

❸ 丝织物的服用性能及特点

　　纯丝织物的光泽柔和明亮，易褶皱，耐光性差，但吸湿性好。一般熨烫温度应控制在150℃～180℃，熨烫时垫布可避免出现极光。丝织物对碱反应敏感，洗涤时应采用中性皂。

④ 毛织物的服用性能及特点

纯毛织物光泽柔和自然，手感柔软富有弹性，穿着舒适美观，且具有较好的吸湿性、弹性、抗折皱性，不易导热，保暖性好，一般均为高档或中高档服装用料。毛织物分为精纺织物和粗纺织物。精纺织物较为精致、细腻，可以看到织物组织；粗纺织物较为厚实，且布面有绒毛，看不到或看不清底纹。

⑤ 粘胶纤维织物的服用性能及特点

粘胶纤维织物的吸湿性能好，染色性好，手感柔软易出褶，色泽艳丽。普通粘胶织物的悬垂性好，刚度、回弹性及抗皱性较差，湿态强力仅为干态的50%左右，缩水率较大。服装的保形性与洗涤耐穿性均差，因而价格低廉。

⑥ 涤纶织物的服用性能及特点

涤纶织物具有较高的强度与弹性恢复能力，不仅结实耐用，而且挺括抗皱，洗后免熨烫。涤纶织物吸湿性较小，在穿着、使用过程中易洗、易干，极为方便。湿后强度不下降、不变形，有良好的服用特性。涤纶织物服用性能的不足之处是通透性差，穿着有闷热感，易产生静电和吸尘沾污，抗熔性较差，在穿着使用中接触烟灰、火星立即形成孔洞。但以上不足之处在与棉、毛、丝、麻及黏胶纤维混纺的织物上均可得到改善。涤纶织物具有良好的耐磨性与热塑性，因而涤纶服装的保形性较好。

⑦ 锦纶织物的服用性能及特点

锦纶织物的耐磨性能居各种天然纤维与化学纤维织物之首，其强度很高。锦纶纯纺及混纺织物均具有良好的耐用性。在合成纤维织物中，锦纶织物的吸湿性较好，故其染色性和穿着舒适性要比涤纶织物好。锦纶织物较轻，宜做登山服、运动服等服装，衣料颇有轻装之感。锦纶织物的弹性及弹性恢复性极好，但在轻度外力下易变形，因此，服装裥褶定型较难，穿用过程受力后易变皱，故锦纶织物服装服用性能不如涤纶衣料，同时锦纶织物耐热性和耐光性均差。

⑧ 腈纶织物的服用性能及特点

腈纶有合成羊毛之美称，其弹性与蓬松度可与天然羊毛媲美。不仅挺括抗皱，而且保暖性较好。

腈纶织物的耐光性居各种纤维之首，因此是户外服装的理想衣料，具有较好的耐热性。腈纶织物也比较轻，也是轻便服装衣料之一，但腈纶织物吸湿性较差，穿着时有闷热感，舒适性较差。它是化学纤维织物中耐磨性最差的一种。

⑨ 氨纶织物的服用性能及特点

氨纶织物是用近似橡皮筋状的高伸缩度氨纶制成。氨纶与棉、麻、丝、毛混纺，不仅具有舒适的弹性，外观风格、吸湿、透气性均接近棉、毛、丝、麻等各种天然纤维类产品。氨纶弹力织物可以把服装造型的曲线美和服用的舒适性融为一体。

二、针织物

针织物是将纱线弯成线圈，再把先后两行的线圈相互穿套而成。针织物由于是线圈穿套而成，所以透气性、弹性、延伸性、悬垂性均好，且手感柔软，穿着舒适。缺点是针织物线圈易脱散，且易卷边。但在设计师手中，针织物的这些缺点也可以变成独特的设计手法（图3-1）。

针织物分为纬编针织物和经编针织物。纬编针织物是纱线沿纬向顺序弯曲成圈，并相互串套而形成的织物。经编针织物是采用一组或几组平行排列的纱线沿经向同时在经编机的织针上成圈串套而成。

图3-1 针织物

三、非织造织物

非织造指不是用传统的纺纱、机织或针织的工艺，而是以纺织纤维网（或纱线层）经过黏合、熔合或其他机械加工的方法。

四、天然裘皮

裘皮具有柔软、耐腐蚀、轻便、保暖性好的特点。经过鞣制后的动物毛皮称为裘，做成服装后具有雍容华贵的感觉。经过加工处理的光面或绒面皮板称为皮革，做成服装后具有原始野性的感觉，常可配以金属装饰（图3-2）。

图3-2 天然裘皮服饰

五、其他服饰材料

（1）塑料：具有透明、颜色鲜艳、光泽好，易进行加工处理的特点。

（2）金属：具有光泽好、坚硬的特点。可使人产生冷酷的感觉。

（3）玻璃：如镜片、玻璃珠等。将玻璃运用于服装中，其反光效果类似于宝石，会产生雍容华贵、珠光宝气的感觉。

（4）木材：各种木制的薄片或木条，运用于服装中会产生自然、纯朴的感觉。

（5）竹材：用竹条或竹片编织的服装具有自然、生动的感觉。

（6）纸材：各种类型的纸张，因其不同的肌理、质感，在服装中会产生不同的效应。

（7）线、绳类：通过绣、缝、钩、编、织的手法运用于服装中，会产生休闲、随意的自然美感。

（8）贝壳：可用于饰物，也可以用一定的方式串套而成，给服装增添一种自然的情趣。

（9）羽毛：动物的羽毛运用于服装中会产生自然、野性、原始且富有情趣的感觉。

（10）珠片：各种颜色、大小的珠片运用于服装中，会产生高贵、典雅的视觉效果。

第二节
服装面料造型设计

成功的服装设计一定要有较好的面料加以配合，服装面料的美感是体现服装艺术美的重要因素，而服装面料美的重要内涵就是面料造型设计。面料造型设计不仅能丰富材质的形态表现，还直接影响到服装设计的观念表达是否准确、到位，视觉美感是否完美。

传统的面料设计主要是指面料结构设计和面料纹样设计。面料的基本功能只是依附于物体表面，起包覆遮盖的作用。随着审美观念和思维方式的变化，人们对面料设计提出了更高的要求，设计师还要创造性地开发新面料，同时将面料成品经过二次加工处理后再应用到具体设计中。因此，面料设计就有了另外的面料二次加工设计——面料造型设计。

手工艺制作是面料造型设计中的重要环节。服装面料的二次加工设计是根据终极使用目标——服装设计的要求进行设计。对市场上购买的半成品面料的二次加工，可改变面料的平面形态这一基本造型特征，从而产生出三维形态的面料造型。面料造型的方法很多，因设计对象不同而不同。从加工方法上分，大致可以分为以下四种：

一、服装面料造型的变形设计

❶ 变形设计的目的

面料的变形设计就是改变原有面料的表面肌理的形态特征，将面料通过挤、压、拧等方法，经过定形处理，形成立体褶皱、抽缩、凹凸、堆积、起泡等，具有强烈的触摸感、浮雕感和立体感，在造型上给人以全新的形象。

在服装设计中面料变形一般用于服装局部装

饰，作为装饰的同时也增加其活动余量；另外，还可以将整匹面料进行加工定型，使原来平坦、服帖的面料经过处理后起伏不匀。这两种设计方法，都能令服装取得意想不到的良好效果。

❷ 变形设计的方法

（1）抽缩

抽缩是指利用某些手段把面料的某些部分抽紧，形成面料表面松紧和起伏的效果。图3-3、图3-4所示为意大利著名品牌宝缇嘉（Bottega Veneta）作品，图3-5所示为英国著名品牌索菲亚·可可萨拉齐 (Sophia Kokosalaki)作品。

（2）塔克

塔克是指用缝纫机在面料表面缉缝出一条条棱状形态。图3-6所示是法国著名品牌左岸（YSL Rive Gauche）的作品，图3-7所示为意大利著名设计师Roberto Menichetti的作品。

（3）系扎

系扎是指用针线在面料上进行系结，使面料表面出现部分突起的纹理效果，面料内部可以放置棉花球或纽扣等物。图3-8所示为日本著名设计师三宅一生 (Issey Miyake)的作品。

（4）立体褶皱

立体褶皱是指用缝纫或高温定型的方法使面料产生规则或不规则的褶皱。图3-9所示为法国著名服装品牌朗万的（Lanvin）作品，图3-10所示为日本著名设计师山本耀司的（Yohji Yamamoto）作品。

二、服装面料造型的破坏性设计

❶ 破坏性设计的目的

面料的破坏性设计就是破坏成品或半成品的面料表面，改变面料的结构特征，通过剪、切、撕、洗、磨、镂空、抽丝、烧花、烂花等方法，造成面料的不完整、无规律或破烂感等特征。面料的破坏性设计常常被一些前卫设计师用来表达反传统的概念。

❷ 破坏性设计的方法

（1）抽丝

抽丝是指选用较为粗糙的平纹面料，把其中的部分纱线横向或纵向或局部抽出，常出现在牛

图3-3 宝缇嘉作品　　　　　　图3-4 宝缇嘉作品

图3-5 索菲亚·可可萨拉齐作品　　　图3-6 左岸的作品

图3-7 Roberto Menichetti 图3-8 三宅一生的作品　图3-9 朗万的作品
的作品

图3-10 山本耀司的作品

仔服装的破损设计中（图3-11）。

（2）镂空

用剪子在面料上剪出空洞后，让其自然露着，以显示服装内衣的颜色，注意要选择质地密实、不损纱的面料（图3-12）。

（3）双层镂空

双层镂空是指用剪子在面料上剪出空洞后，将边扣好，然后把透明的纱线或另一种颜色或花色的面料附贴在面料反面，用手针固定好后，再用缝纫机在面料正面缉缝，使空洞处显露出半透明或另一种颜色的效果（图3-13）。

（4）烂花

烂花是指用化学药水涂在面料上，腐蚀面料上的绒而剩下底层的面料。注意在设计时一定要选择绒类面料（图3-14）。

三、服装面料造型的整合设计

❶ 整合设计的目的

面料的整合设计有两种，一种是将多种不同材料或不同花色的面料拼缝、拼接在一起，在视觉上给人以混合、离奇的感觉，这种设计方法的前身是古代的拼缝技术，如中国的水田衣、僧人的百衲衣等；另一种是由不同的纤维制成的线、绳、带、花边等，通过编织、钩织或编结等各种手法，形成疏密、宽窄、连续、平滑、凹凸、组合等变化效果，从而获得肌理对比的美感。

❷ 整合设计的方法

（1）编织

编织是指利用棒针或手工将带状的面料组织起来（图3-15）。

（2）编结

图3-11 牛仔装抽丝设计

图3-12 镂空设计

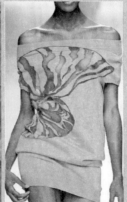

图3-13 双层镂空设计　　　　　图3-14 烂花设计　　　　　图3-15 编织设计

编结是指将若干根不同颜色的绳子通过打结、缠绕的手法重新组织，如图3-16所示。其中右图为日本设计师永泽阳一的作品。

（3）拼接

拼接是指把面料裁剪成条状或块状，再按照自己的意愿重新进行拼接，两层面料之间有重叠，如图3-17所示。其中左图是意大利著名时装品牌Costume National的作品。

（4）拼缝

拼缝是指把面料裁剪成条状或块状，再按照自己的意愿将两块面料之间用绳或线进行连接，面料与面料之间会有空隙（图3-18）。

四、服装面料造型的附加装饰设计

❶ 附加装饰设计的目的

面料的附加装饰设计就是在成品面料的表面用贴、缝、绣、粘、挂、吊、热压等方法，添加相同材质或不同材质的材料，从而改变织物的原有外观，形成立体的、具有特殊新鲜感和美感的设计效果。涉及的附加装饰材料和手法很多，如珠片、羽毛、花边、贴花、刺绣、明线、透叠等。使用的材料原则上要有利于一定量面料的生产加工和使用，并具有一定的使用牢度。

❷ 附加装饰设计的方法

（1）盘绣

盘绣是指将绳子按一定的图形用针线或缝纫机缉线固定在面料表面。图3-19所示中的右图为意大利著名品牌普拉达(Prada)作品，图3-20所示为法国著名品牌纪梵希（Givenchy）作品。

图3-16 编结设计

图3-17 拼接设计

图3-18 拼缝设计

图3-19 普拉达作品   图3-20 纪梵希作品

（2）线绣

线绣是指在面料上按针法用不同颜色的线绣出所需要的图案。可根据风格要求选用不同材料的线带，如丝线、棉线、涤纶线、毛线、缎带、丝带等。其中有手绣、机绣和电脑绣等种类（图3-21）。图3-22所示为意大利品牌D二次方（DSquared）作品，图3-23所示为英国著名服装设计师亚历山大·麦昆（Alexander McQueen）作品。

（3）珠片绣

珠片绣是指用针线将小珠子或珠片固定在面料的表面（图3-24）。图3-25所示为美国著名品牌安娜苏（Anna Sui）作品，图3-26所示为意大利著名品牌范思哲（Versace）作品。

（4）贴花（贴布绣）

贴花是指以写实、几何形、卡通等造型，毛边或缝折光边等边缘形式，直接在面料上缝贴或利用先剪后镶嵌等工艺形式缝贴。缝贴材料有皮、毛、灯芯绒、花边、印花布、装饰布等各同材质、色彩和图案的材料，可形成丰富的肌理效果（图3-27）。

第三节
面料造型设计在服装风格中的表现

不同的面料有着不同的质感，给人不同的印象和美感。所以在面料的选择和设计制作上，要抓住面料的内在特征，以清晰、完美的形式展现其特征。如金银材质的华贵，蕾丝、纱的浪漫，皮革、牛仔的摩登，纯棉、纯麻的自然等，都具有从视觉特征到艺术风格的差异。在服装设计中，应将面料的风格和潜在性能发挥到最佳状态，准确而充分地与整体风格相结合。

❶华丽古典风格

华丽古典风格的服装所用的面料多为天鹅绒、塔夫绸、丝缎、丝绵和格调高雅的手工刺绣（图3-28）。

❷优雅柔美风格

优雅柔美风格的服装多用柔软、平滑、悬垂性强的面

图3-21 线绣设计

图3-22 D二次方作品　图3-23 亚历山大·麦昆作品

图3-24 珠片绣设计

图3-25 安娜苏作品　　图3-26 范思哲作品

图3-27 贴花设计

图3-28 华丽古典风格　　　　图3-29 优雅柔美风格

图3-30 民族风格　　　　　图3-31 田园风格

图3-32 休闲风格　　　　　图3-33 前卫风格

料，如乔其纱、雪纺、柔性薄针织、蕾丝、蓬松柔软的细棉布等（图3-29）。

❸ 民族风格

民族风格的服装多采用朴素、天然及手工味强的传统面料，如印花棉、粗纺毛呢、手工编织物等，加以扎蜡染、民间刺绣、挑花、抽纱、镶、嵌、盘、滚等装饰手法（图3-30）。

❹ 田园风格

田园风格的服装多采用手工感觉的天然织物、网、绳和各种自然材料，强调不规则表面效果以形成粗糙未加工的感觉（图3-31）。

❺ 休闲风格

休闲风格的服装所用的面料多为针织棉、弹性纤维等，以符合服装的功能。并用手绘、印花、刺绣、填充、拼接等方法来装饰（图3-32）。

❻ 前卫风格

前卫风格的服装多采用表面加工处理的人造毛皮、水洗牛仔布、有光泽及金属闪光感的时髦新奇的面料，并经常运用打毛、挖洞、打铆钉、磨砂、刺绣、钉珠等面料再造手法。有时也搭配一些传统、典雅的面料，使其产生强烈对比，以示其反传统、反体制的思想（图3-33）。

【本章小结】

　　在服装设计中，面料的选择非常重要，服装面料质地的表现对服装外观的美感影响很大。设计者不仅要了解面料的性能，还要能够把握面料的机能和造型。只有这样，才能准确地体现设计思路。以前的面料设计主要是指面料结构设计和面料纹样设计。面料的基本功能只是依附于物体表面，起包覆遮盖的作用。市场上面料大都已具备这样的功能性，所以设计者没有更多形式上的追求，使用者也习以为常。但随着审美观念和思维方式的变化，人们对面料设计提出了更高的要求，于是设计师不仅要创造性地开发一些面料，还要将市场上能够买得到的面料作为一种半成品，经过二次加工处理以后应用到具体设计中。而在面料上的设计上就有了除面料结构设计和面料纹样设计以外的面料二次加工设计——面料造型设计，手工和艺术制作是面料造型设计中的重要环节。

【思考题】

　　1.分析面料的机能和造型之间的特点与区别，如何进行两者的结合应用？
　　2.如何结合不同面料来完成各种面料造型设计的变化？
　　3.归纳面料造型设计在服装风格中的作用。

★ 知识目标

　掌握服饰图案的种类，服饰图案的写生变化、提取与借鉴，服饰图案的工艺以及各种图案在服装中的应用等知识。

★ 能力目标

　具有服饰图案的绘制与运用能力，能够根据不同的服装种类，进行相应的图案装饰与工艺设计。

第四章

服饰图案设计

第一节
服饰图案概述

一、服饰图案概念

"图案"一词的含义比较广泛，广义上讲，是对产品的造型、结构、色彩、装饰等方面的设计方案；狭义上讲，是指某种装饰纹样。服饰图案就是指对于服装及配饰的装饰图形与纹样，广义上的服饰图案包括服装、鞋帽、箱包、围巾、首饰及其他附件、配件的装饰纹样，狭义上的服饰图案是指服装的装饰纹样。

图案是一种装饰性的艺术，服饰图案是装饰性和实用性相结合的具体体现。它以丰富的色彩、独特的构造来达到强烈的视觉冲击力和艺术感召力，最终借助服装这个载体充分表现出来。

服饰图案是一种装饰手段，是将服装设计中的装饰需要，通过艺术加工，用独特的图案语言表达出来，形成的过程中需要受到工艺制作、材料、销售对象等条件的制约。因此，服饰图案也就具备了艺术性、实用性、从属性、多样性的特点。在进行服饰图案设计时，既要考虑到艺术性与实用性的结合，又要考虑其从属特点，考虑到工艺、材料、艺术效果的有效结合。既不能过于强调艺术效果，而忽略工艺、材料与实用性，也不能只考虑到实用性而忽略艺术效果。作为一名服装设计师，对服饰图案的设计技巧、表现形式与应用应有一个较为全面的认识。

二、服饰图案的分类

❶ 按组织形式分类

按组织形式的不同可将服饰图案分为独立图案和连续图案两大类。

（1）独立式图案

独立式图案就是指构图形式和表现手法不受外形及任何轮廓的局限。这种纹样又可以分为单独式（图4-1）和适合式（图4-2）。

（2）连续式图案

连续式图案是按照一定的格式做有规律的排列，使之构成能满足装饰面积需要的图案。连续性图案分为两大类，即二方连续图案和四方连续图案。二方连续图案的特点是呈带状，可以无限延续。多运用于服装的边缘部位，或用于包、帽、腰带等（图4-3）。而四方连续图案则是不受上、下、左、右轮廓限制的装饰纹样。这种形式的纹样多用于服装面料上（图4-4）。

图4-1 单独式图案

❷按照制作工艺分类

服饰图案按照制作工艺可分为手绘图案、印染图案、编织图案、拼贴图案、挑绣图案、机绣图案等。不同的加工工艺具有自身的特点和规律性，可形成不同效果，应发挥工艺的不同特点，使服装图案丰富、美观。如手绘图案能够突显个性、自由、随意的效果，而刺绣图案则显现出服的精致、秀丽。

❸按装饰素材分类

服饰图案按照素材的不同可分为植物图案、风景图案、人物图案、动物图案等。将自然界中的不同素材形象运用设计手段进行综合艺术加工，可得到丰富多彩的装饰图案。植物图案千姿百态，运用到服饰上的有花草、树木等等。特别是花草图案在服饰图案设计中应用最为广泛。

❹按照创作风格分类

服饰图案按照创作风格可以分为现代风格和传统风格。

现代风格，强调色彩的对比、线条的简洁，以大胆的想象来表现清新、明快的装饰效果(图4-5)。传统风格强调寓意、调和，采取传统的纹样设计和工艺制作手法创造具有传统风格的图案，给人以含蓄、协调、均衡、典雅、文静的美感(图4-6)。

❺按照空间形态分类

服饰图案按照空间形态可分为平面图案和立体图案。平面图案主要指服饰上的平面装饰，形成的图案是平面形。设计时主要考虑装饰纹样的构图、造型、组织、色彩等因素。立体图案主要指各种有浮雕或者是有立体效果的装饰及缀挂式装饰等。如面料制成的立体花装饰、蝴蝶结、镂空面料、盘扣等都属于立体装饰。

图4-2 适合式图案

图4-3 二方连续图案

图4-4 四方连续图案

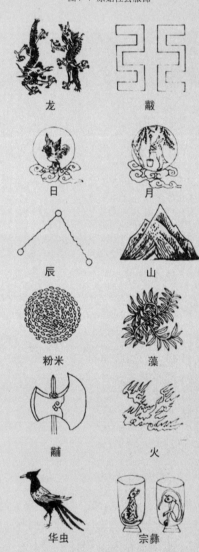

图4-5 现代风格图案　　　　图4-6 传统风格图案　　　　图4-7 原始社会服饰

三、我国服饰图案的形成与发展

服饰图案源于生活，形成于人们的观念，因而，作为源于生活和形成于观念的服饰图案，自然也是随着社会的不断进步和人们观念的提高而不断发展的。我国服饰图案的历史可以追溯到人类的原始时代。

人类学家曾断言：在原始社会，有不穿衣服的民族，没有不装饰的人群。原始人类为了达到美观、实用的目的或某种象征意义，往往在自己身体上或服饰上绘制不同类型的纹样装饰，可见服装图案在它萌芽时就具有装饰与实用的特性。

原始人为了御寒、护体、遮羞，用树叶、树枝和兽皮围身。为了表现自己或美化身体，为了原始图腾崇拜或吸引异性，以及祭祀、巫术等的需要，常用有色泥土和兽血文身或文面部，还有采用划破身体的办法进行"刺青装饰"，用兽骨、兽牙、贝壳、石子等材料串成饰链佩戴在身体上做装饰。这便是服饰图案的最早起源（图4-7）。

从中国文献资料来看，服装图案到了父系社会黄帝时期就比较鲜明而完备了。出现了十二章的图案纹样"日、月、星辰、山、龙、华虫作会（即绘），宗彝、藻、火、粉米、黼、黻、绣，以五彩彰施于五色，作服汝明"，这说明我们这个"衣冠王国"很早就开始在服装上应用图案了（图4-8）。

奴隶社会后期，服装图案更加精美、细腻，其纹饰与青铜器图案相类似。青铜器图案以云、雷、水、植物纹样为主要形式，构图以回形为主。同时，商代人已熟练掌握了纺织技术，并改造了织布机，使之能制造出提花织物。商代奴隶主身着带有雷龟纹的服装，图案的装饰主要表现在服装的领口、袖口、前襟、下摆、裤角等边缘处及腰带上；表现形式主要是规则的回纹、菱形纹、云雷纹，而且多以二方连续的构图形式来表现（图4-9）。

到了春秋战国时期，服饰图案受到同期漆器图案的影响，造型

图4-8 十二章纹样

精美严谨，构图规整多样，配色华美而调和（图4-10）。

秦汉时代是中国文化发展的兴盛时代，服装的面料也丰富多彩，出现了丝、毛、麻、棉织品。丝织物中最具有代表性的锦，其纹样以动物、植物为主题，风格粗犷豪放，古朴秀美。汉代延续了战国时期的服饰风格，追求大气、明快、简练、多变。服饰图案以重叠缠绕、上下穿插、四面延展的构图出现，并以幻想和浪漫主义手法，不拘一格地进行变形，形成了活泼的云纹、鸟纹和龙纹图案。其特色是用流动的弧线上下左右任意延伸，转折处线条加粗或加小块面，强调了动态线，丰富了形象（图4-11）。

这类自由式的云纹图案所表现的独特之处就是和动物巧妙地结合。在弧形的云纹头部加上一个鸟头，末端画条曲线，就成为一只昂首的飞鸟形象，但它同时又隐含了云纹图案的印迹。这别出心裁的构思和表现手法，大胆的艺术夸张，饶有风趣。这种云纹图案在服饰运用上得到了进一步发展。汉代在服饰图案的色彩运用上，主要以对比为主，强调明快、醒目、艳丽，表现了朴素中见华美的特点。到了汉代，服饰图案的运用经历了最原始的一种对蒙昧美的追求、图腾的崇拜以及对权力和地位的象征这样一个发展过程，已经到了主观上的艺术加工、创造的阶段。也就是说，图案作为服饰装饰已不单单是美的象征，而是更加突出地表现出了它的艺术欣赏价值。因此，服饰图案的运用到了汉代时，已经有了较高的艺术表现力。

魏、晋时期的服饰图案除了继续沿袭汉以来的艺术风格外，在线条的设计上趋于粗犷，给人一种肥厚之感。在服饰的图案上并不是刻意地追求局部，而主要是追求服装的整体线条美、飘逸美，以此来表现服饰的美感。如在服装上出现的舒展、飘逸

图4-9 商周服饰图案

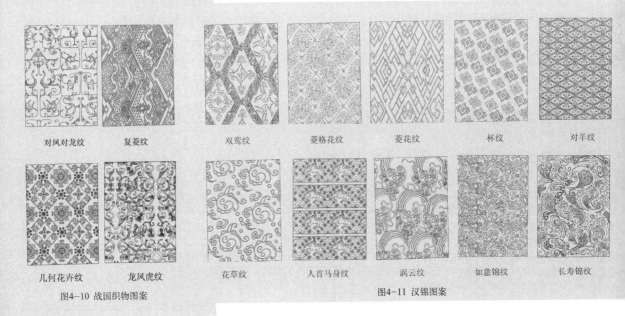

| 对凤对龙纹 | 复菱纹 | 双鸾纹 | 菱格花纹 | 菱花纹 | 杯纹 | 对羊纹 |

| 几何花卉纹 | 龙凤虎纹 | 花草纹 | 人首马身纹 | 涡云纹 | 如意锦纹 | 长寿锦纹 |

图4-10 战国织物图案　　　　　　　　　　图4-11 汉锦图案

的大裙摆，宽松的袖口，都是以整体的造型美来表现生活的。当时，人们的衣着在整体的表现上以丰满、肥壮、飘逸为时尚。

到了隋代，在服饰的表现上趋于华贵，图案纹样的运用还是云纹较多。这种华贵之风一直延续到唐。隋代服饰图案有惊人的成就，单从描绘在彩塑衣服上的纹样看，就有联珠纹服饰图案、狮凤纹服饰图案、团花织锦图案等纹样等，其色泽艳丽，可与真实的织锦媲美。这些图案是隋代服饰图案的代表。

唐代的织锦图案的题材广泛，技法娴熟，造型丰满，色彩艳丽，体现了一种积极向上的时代精神。花卉图案运用成熟，官服多用鸟、雀花纹为主题，按照不同品级，施以不同的纹样及色彩，体现了唐锦华丽的艺术风格。唐代的"宝相花"、"唐草纹"等图案一直影响着后世服装图案风格的发展，如明、清时的闭花、皮球花图案以及连续花边图案等。宝相花与龙凤图案一样是人为创造的，由几种不同花卉综合而成，取牡丹的丰美、莲花的舒展、石榴的圆润与吉祥含义，表达了人们对美好生活的期盼。唐草纹是唐代卷草纹的最常见的组织形式，既可作单独纹样，又可作连续纹样。卷草织花叶形态优美，可随意地连接装饰和组织变化，使服饰纹样丰富多彩（图4-12）。

宋代继承了唐代的服装图案形式，并有所发展。服装面料产品丰富，丝织生产主要以江南为主，其服装图案突出、纹样组织灵活、构图自由，多以写生折枝花为主。宋代服装多在衣襟、袖口、背子边缘、裙边、下摆等部位用纹样进行装饰。提花图案更加丰富。

由于宋代丝织业的大发展，丝织品的产量、质量与花色品种都有较大增长与提高。如锦一类的产品就有四十余种，另有绍、绢、续、纱、结等。纹样中有如意牡丹、百花孔雀、遍地杂花、缠技葡萄、霞云驾、穿花凤、宝相花、天马、樱桃、金鱼、荷花、梅、兰、竹、菊等。同时民间吉祥图案也得到了发展，有锦上添花、春光明媚、仙鹤、百蝶、寿字等。但相对唐代，其服装款式变化不大，显得拘谨和保守。

元代蒙古族人喜欢采用捻金线和片金两种工艺织造织物，使织物呈现出金色光泽，这种面料叫"织金锦"，产量很大。元代除了织金工艺外，还继承了宋代的丝织业，花色图案亦日益增多。著名的织物形式有"十样锦"，即：长安竹、雕团、象眼、宜男、宝界地、天下乐、方胜、团狮、八搭韵、铁梗蓑荷。元代还吸收大量外来文化，常引用缅甸锦、回回锦及波斯图案等外来纹样进行装饰变化。

明代是我国古代服饰图案遗产最丰富、存世最多的时期，宋代的吉祥图案到明朝时已发展到鼎盛。大多运用谐音、会意手法，将吉祥祝福之词应用在纺织品或服装上，加深人们的审美感受，表达人民大众对美好生活的愿望。如以松树仙鹤寓意长寿，以松竹梅寓意寒岁三友，以鸳鸯寓意夫妇和谐美满，以石榴寓意多子多福，以凤凰牡丹寓意富贵等。又如谐音图案以瓶子、鹌鹑表示平安，以荷花、盒子、玉饰表示和和美美，以蜜蜂和猴子表示封侯当官，以莲花鲶鱼表示年年有余等。明代锦缎图案中最著名的有落花流水纹样、如意团花纹样等。明代服装面料上的花纹图案如缠枝花卉、满地规矩纹、龟背、龙凤、球花、折枝花鸟和织金胡桃等，花色十分丰富。明代图案总的特点是结构严谨，造型简洁而丰富、色彩浓重而艳丽、构图简练而醒目（图4-13）。

葡萄卷草纹　　花鸟纹　　联珠团花纹　　穿枝花鸟纹　　缠枝花卉纹　　宝相花纹　　骑士对兽纹　　卷草纹

图4-12 唐代织物图案

清代图案纤细繁复，层次丰富。其丝织品在艺术上有巨大成就，表现在图案上为取材广泛、配色丰富明快、组织紧凑活泼、花色种类多样、制作细腻精巧、构图讲求层次变化。

图4-13 明代图案

第二节
服饰图案的提取与借鉴

服饰图案的素材非常广泛，在我们日常生活中所接触到的无论是自然景物，还是人造形象，如日、月、星、云、山川、河海、动物、植物、建筑、交通工具或生活器皿、几何图形及文字等都可作为装饰图案的素材。这些素材经过提取与借鉴形成适合服装的装饰素材必须经过从无到有、从粗到精、从写生到变化的形象塑造过程。

一、图案形象的塑造

服饰图案形象的塑造，是运用图案的表现手法，对写生资料进行形象塑造，称为"图案变化"，或 "图案造型"。图案变化与造型实际上就是艺术加工的过程。

"写生变化"是图案设计的术语，它包括"摹写"与"变化"两个方面，两者既有分工又有关联。写生是以客观为主，为的是了解对象、研究对象和描写对象，为变化与创作提供原始素材；变化则是更多地渗入主观因素，依据写生的素材予以加工变形等。可以说图案的写生是图案设计的源泉，也是收集图案素材的基本方法之一。

❶图案素材提取

提取就是在装饰变化过程中，对纷繁复杂的自然物象进行秩序化的梳理，使其构图、造型、纹理规律化，条理化。将局部细节省略或归纳，舍去物象的非本质细节，保留和突出物象的基本属性，对物象的典型特征进行变化，着重于主观意识的加工，把繁杂的自然形象上有碍于图案造型与构图的部分加以简化、提炼和概括。常见的有以下几种方式：

（1）外形提取

主要着眼于物象的外轮廓变化，强调外轮廓的特征，省略物象的立体层次和细枝末节，选择物象的最佳表现角度，用线条做外形轮廓修饰。

（2）线面归纳概括

用线或面概括地表现物体的结构、轮廓或光影的明暗变化，省略中间的细微层次，用线条勾勒和留白的手法进行图案设计。

（3）条理归纳概括

将物象本身所具有的条理、秩序因素加以统一、强化，对有曲线、直线因素的物象，可加强其曲直表现，或归纳为纯几何形态。

❷图案素材变化

一个理想的图案造型，是作者根据对象的特征和生长规律，按照相应的形式规律采取集中、丰富和夸张的变化手法完成的。常用的变化方法有简化、夸张、繁化、变异等。

①简化：是一种高度概括、省略的手法，可提炼出简洁、单纯而又具有典型特征的形象（图4-14）。

②夸张：是用加强的方式突出形象的特征，通过对原形较大幅度的改变使其更具有艺术感染力的一种手法。夸张的形式很多，有整体的、局部的、重形态的、重神态的。常用于青年装与童装的图案设计，可达到醒目、活泼的效果。

③繁化：是一种将形象变得细密、丰富的手法，常以添加、综合、重复等形式出现，可以使装饰对象显得华丽、繁复、富丽堂皇。繁化造型的图案在民间、民族服饰及礼服、女装中运用较多（图4-15）。

④变异：通过设计师的主观意向，抓住对象最具感染力的地方，加以变化处理，使其具有新奇、另类的特点。

二、图案素材的借鉴

❶具象图案

具象图案是指模拟客观存在的具体物象形成的图案，是一种形象、直观的形式，在服装设计中比较常用。花卉、动物、风景、人物等均可作为图案的自然型素材。

（1）花卉图案

自然界中的植物花卉是图案创作中应用最广的一种，从古至今，在服装图案中占有很大的比重。花卉与植物的形象优美，灵活性强，根据不同的装饰要求稍加处理，即可应用（图4-16）。

①灵活性。对花卉图案来说，可以使用完整的花卉形象，也可以随意进行删减添加，或重新组合，使之在服装装饰中具有广泛的适用性。无论是边缘、领角，还是下摆、前胸，无论单独装饰，还是连缀铺开，花卉图案都能够自由运用。

②象征性。花卉除了具有单纯的装饰意义之外，还具有一定的象征性。例如牡丹具有富贵美好的寓意，常用于风格华丽的服装装饰；兰花则根据其特征，常用于清秀淡雅的服装装饰。这一点，在我国传统服装中的表现较为明显。

（2）动物图案

在服饰图案中，动物图案的应用也属常见，但不如花卉图案应用广泛，这是由于动物形象的自身特点决定的。首先，动物图案不适宜做随意的分解组合；再则，动物形态和属性是现实而具体的，并且往往带有个性和感情色彩。例如老虎和猫、蝴蝶和鳄鱼所表现的装饰效果是完全不一样的。T恤衫、文化衫、女装、童装常用动物图案作装饰。从设计角度看，由于地域、风情、民俗的不同，人们对动物的喜好和欣赏习惯也不一样，有的国家喜爱动物与宗教信

图4-14 简化

图4-15 繁化

图4-16 花卉图案

图4-17 动物图案

（5）人工资料

人工资料是指人造形态，如建筑类有：城市建筑中的高楼大厦、亭台楼阁、工程设施、室内场景、物理光学、交通工具等。具象与臆造形象有：车、船、飞机、计算机、宇航器等以及一些实际生活中并不存在的形象，如龙、凤、麒麟等，这是人们将某些动物特点集中于一体，以表达某些理想和愿望等。

❷ 抽象图案

抽象图案指构成形象的基本形态与要素，主要包括点、线、面和规则与不规则的几何形体，常用的有圆形、多面形、扇形、星形、偶然形等。抽象图案在服装中应用甚广，表现形式非常丰富，如几何图案、随意图案、幻变图案、肌理图案等。

仰有关。在服装图案设计中应该了解不同民族的不同习惯，特别是外贸服装设计，更要谨慎从事（图4-17）。

动物形象的塑造，应着重从动物的形态、动态、神态三个方面的特征入手。

① 形态特征。根据动物各自的形态特点，着意表现和强调其特征，将其运用到服饰中。如斑马纹、豹纹、奶牛纹等在现代服饰图案中的应用就较为广泛。

② 动态特征。服饰图案中，动物的动态特征表现不宜过分复杂，造型要典型、优美。

③ 神态特征。在不同的服装上，动物神态造型也大有不同，如童装图案大多使用夸张、拟人的手法，表现出动物的可爱、调皮等姿态，与童装的特点相适应。

（3）风景图案

风景图案在服装上的应用相对较少，一般多出现在休闲装、便装和一些展示性服装上。由于风景图案所涵盖的内容复杂，包括自然风光、名胜古迹、都市建筑、树木、庭院、石阶等。所以服饰中的风景图案大多需要经过高度提炼、归纳与重新组织。

（4）人物图案

人物图案在服装中经常见到。服饰图案中的人物造型手法十分多样，在服装中的装饰部位比较灵活，组织形式也十分多样，如单独式、组合式、连续式等。

第三节
服饰图案的运用

服饰图案的运用是一个完整的设计过程，要经过设计师的反复推敲。设计师首先要根据服装种类与风格进行相应的图案设计，并选择适当的工艺手段来实现，最终达到图案与服装的完美结合。这不但需要熟练掌握图案的种类、变化、风格、工艺手段等知识，还需要有足够的经验积累及掌握一些基本的要领。

一、服饰图案的运用原则

❶ 适应服装功能性

功能性是服装的基本属性之一，服装种类不同，功能性也不尽相同。服饰图案的运用要同服装的功能性相适应。如冬装的功能在于御寒保暖，作为装饰的图案则应尽量给人以温暖的感觉，常见的如用裘皮作边饰、用绒布作补花等，避免作开敞、透空的装饰。夏装的功能在于遮体、纳凉，图案则应尽量在视觉及心理联想上起到这样的作用，多选择清新明快的色彩，尽量在"透"、"露"上做文章，可采用抽丝、镂空等装饰手段。

❷与服装风格统一

服装设计追求风格的统一，服装风格表现了设计师独特的创作思想、艺术追求，也反映了鲜明的时代特色。各时期、各民族、各地区以及各阶层的不同需要，都会造就不尽相同的服装风格。具体到每一类服装、每一件服装，都有风格上的差异。或粗犷、或细腻、或优雅、或朴素，往往通过造型、款式、材料、色彩、图案乃至做工综合地表现出来。所以，作为服装重要组成部分的服饰图案须与其他因素保持和谐统一的关系，以相应的风格面貌对服装的整体风格起到渲染、强调的作用。如我国传统的旗袍，在图案装饰上大多采用精美的花卉图案，并用刺绣工艺来体现。无论是图案还是工艺的选择都把旗袍的精致、典雅、柔美的特征体现得非常到位。

❸符合服装款式与结构设计

服装款式是指服装的式样，是整个服装形象的"基础形"。服饰图案必须接受款式的限定，并以相应的形式去体现其限定性。例如，礼服设计中，有袖或无袖，无领或抹胸，鱼尾群或者蓬蓬裙，所做的图案设计是不同的。

图案除了要适合款式外，还需要契合服装的结构设计。服装的结构通常适合于人体体态和运动的特点，并随服装款式的变化而变化。一般而言，造型结构较简单的服装，为求丰富，图案可多些、复杂些；而造型结构较复杂的服装，其结构线、省道线必然多，附加部件也多，图案装饰则可稀少些。针对后一种情况，有时可以直接利用结构线来做装饰的文章，这往往能形成一种严谨、明晰的装饰美感。

❹具有时尚性

服装是与流行、时尚密切相关的产业，有非常显著的时代性特征。服装的设计要强调流行性、时尚性。作为装饰用的服饰图案，同样也要具有这类特性。

二、图案在服装中的运用

❶功能类服装

（1）职业装

职业装的功能在于适应某种工作性质的需要，把着装者带入某种工作状态，并向社会表明着装者的职业性质和所处的工作状态。职业装在被细分化的现代社会中，有政府机关、学校、公司等团体，有学生、空中小姐、领航员、引水员、警官、医生护士、店员等区别。穿着职业服装不仅是对服务对象的尊重，同时也可使着装者有一种职业的自豪感、责任感，是敬业、乐业在服饰上的具体表现。职业服装的整体风格是整齐、简洁、挺括、大方。

因此，职业装图案设计应与办公环境相协调。图案以单色、不明显的同类色图案或稍明显的、规整的几何图案效果为好。通常情况下，图案装饰形式多为点状和线状。线状图案装饰多采用或宽或窄的、对比于单纯底色的彩色线条，沿服装的结构线或外廓边缘清晰而有序地展开。这种勾勒式的装饰处理能增强职业装的提示性，使之从装束背景中明确地浮现出来，并且不失其应有的纯朴、厚重和大方。

（2）运动装

运动装的功能性主要体现在满足人们体育运动时对服装的要求上。运动装的图案设计要强调鲜明的运动感，因而运动装及运动装图案的总体基调通常明朗、活泼、有力度感，装饰格局多为中心式或分割式，其图案的色彩往往纯度、明度极高，对比度强，有较强的视觉冲击力。运动装图案大都简洁、明快，因此其图案形象一般以几何图案、抽象图案和标志性图案为主（图4-18）。

（3）礼服

礼服可以使穿着者在正式的场合中恰如其分地扮演自己的角色，向外界表明自己的身份、地位，所属国家、民族、宗教信仰等。在各种礼仪、社交场合中，着装者对礼服的选择、穿戴往往能体现出

图4-18　2008奥运会中国队参赛运动服

他的修养、气质和品位。因此，人们对礼服的要求极为讲究，在制作、选择、选料和装饰上都不惜工本，努力追求既华丽、典雅、庄重、精致又合乎一般礼仪规范的效果。如古典风格的礼服、用于社交场合的礼服，图案应用一般较多；而现代礼服，特别是正规礼仪场合的礼服，图案的应用相对较少，一般为点缀或边缘的装饰处理。在装饰格局上，大多数礼服图案都呈对称式或平衡式排布，常用于胸部、肩部、腰部、臀部、前襟、下摆等视觉的中心部位（图4—19）。

图4—19 各种风格的礼服

（4）内衣

内衣的主要功能在于满足穿着者保护皮肤、矫正体形、衬托外装的需要，在特定的私密空间中向最亲密的人展现魅力。内衣上的图案常通过密集、复杂的装饰反衬出周围肌肤的柔润、光洁，所以内衣图案大多繁缛、华丽、制作精良，既能醒目突出、引导视线，又能与人体皮肤形成肌理质感的互衬对比。在色彩的处理上往往比较单纯、和谐，纹样形象也比较细腻、秀丽，总体上表现出一种亲和朦胧的美感。由于现代内衣材料装饰主要以经编的花边织物为主，因此花边设计也成为内衣图案设计的一个重要环节（图4—20）。

图4—20 内衣中的图案

(5) 休闲装

休闲装是人类处于放松状态下所穿着的服装，也是现代实用服装中最主要的类别。不同性别、年龄、风格的休闲装，图案装饰也不尽相同。其种类繁多，或夸张显眼、或细腻柔和、或轻松亮丽，不尽一致。

❷ 性别、年龄类服装

(1) 男装

男装应表现出理性和分量感，整体简洁、大方，体现出男性的阳刚之气。男装的特点决定了男装装饰较少的特点，装饰则以几何、文字或抽象图案为多，图案形象往往强调饱满、粗犷、沉稳、刚健、明朗、确定的视觉效果。男装图案样式以单独式居多，装饰形式常采取块面装饰和分割装饰。装饰部位大多分布在显示人体力量的关键处，如胸、背、臂、肩、腰、腿等（图4-21）。

(2) 女装

女装在服装设计中所占的地位是最重要的。女装的种类多种多样，变幻无穷、绚丽多姿，而作为装饰的女装图案更是缤纷复杂、五彩斑斓。从总的基调说，女装图案大多着意体现女性独有的魅力，强调一种妩媚柔和、轻盈流畅、精细艳丽的品格和视觉效果。其装饰形式十分自由，块面、分割、散点、满花、边缘等格式都被大量采用，其中线型装饰、边缘装饰为女装装饰的特色（图4-22）。

(3) 童装

童装图案的设计要能够体现儿童活泼、单纯、可爱的特点，多以夸张、拟人的手法塑造形象，简单明快，在装饰布局上常作跳跃感较强的散点满花式装饰和局部装饰。装饰部位多选在胸、背、领、下摆、兜、膝等较醒目的位置。在所有装饰形象中，拟人化的小动物图案是最受欢迎也是使用最多的。这大概是因为小动物与孩子有许多共同性，大人看着喜欢，儿童也乐意接受。另外，一些色彩鲜艳的花卉及抽象图案也因其单纯、醒目而常被使用（图4-23）。

(4) 中老年装

中老年人的着装虽然也比较注重时尚，但不再张扬、花哨，他们更着意表露其成熟性。所以在中老年装上的图案应用相对偏少，并具有高贵、典雅、庄重、自然的特点。表现形式上以点缀式装饰、边缘式装饰为多。装饰形式大多是边缘装饰、满花装饰，图案题材和形象以较为抽象的花卉图案及几何图案为主，写实性、即时性图案较少。

图4-21 男装中的装饰图案　　图4-22 女装中的装饰图案

图4-23 童装中的装饰图案

第四节
服饰图案的工艺表现

服饰图案具有服饰的特殊性，是在面料材质上的装饰设计，所以在进行图案设计的时候，要考虑形的塑造、色的选择、材质的确定还有工艺的表现方式。服饰图案的工艺表现要与装饰所运用的材料、工艺手段结合起来考虑，具有较强的技巧性。

一、手绘

中国上古时期在车舆、衣冠上绘画，作为某种标志。后来借鉴刺绣的美化效果，将精致的绣花版样描画在服装上，或将名人画稿描摹在服装上，成为手绘装饰服装。辛亥革命以后，一些画匠在裙、袄、旗袍等女装上作画，使绘画艺术和服装融为一体。20世纪30年代，曾有著名国画家将作品用于手绘旗袍，风格高雅，被视为珍品。

20世纪80年代以来，绘画艺术再度与服装结合，受到了青年人的喜爱。手绘突出的就是艺术本身，绘画艺术既有国画、版画、工笔、油画还有其他多种绘画方式，体现了不同的风格。手绘服装把这些风格保留在服装上，体现了独特的艺术特点。

画法多样，色彩丰富，风格独特、自由、随意，方法简便，有着当代机械染织工艺不可替代的优点。特别是在当今追求个性的时代，手绘这种方式成为自由、洒脱、凸显个性的重要装饰方式。不仅在服装上，在其他如鞋、帽、包等饰品上也很常见（图4-24）。

二、印花

纺织品印花是现代服装图案中最常用的工艺手段。制作方法较多，应用广泛。纺织品印花有数种方法，其中颇具商业重要性的印花方法有直接印花即筛网（即丝网）印花和滚筒印花。其他的

图4-24 手绘工艺的表现

还有热转移印花、浆染、蜡染、扎染等印花方式。

(1) 直接印花

直接印花包括筛网（即丝网）印花和滚筒印花。即运用辊筒、圆网、丝网版等工具将色浆或涂料直接印在面料或衣料上的一种图案制作方式。辊筒、圆网印刷表现力强，色彩丰富、纹样细致、层次多变，适合服装面料及大面积图案的印制。丝网印刷表现彩套数较少，适合局部装饰图案的印刷，如T恤的图案印制，服装局部图案的印制(图4-25)。

(2) 热转移印花

热转移工艺是先将浆料印制在转移纸上，再将其放在服装所需的装饰部位，使用高温熨烫，把印花转移到服装上去。操作简便、灵活，适用于服装的局部装饰。

(3) 其他印花

浆染（蓝印花布）、蜡染、扎染、夹染等均属于我国传统的印染手段，所制成的图案具有独特的风格和韵味(图4-26)。

①浆染（蓝印花布），是先用豆面和石灰浆制成防染剂，通过雕花板的漏孔，刮印在土布上，起到防染作用；然后染色，最后除去防染剂形成花纹。有蓝底白花和白底蓝花两种图案表现形式。

②蜡染是用蜡刀蘸熔蜡绘花于布后以蓝靛浸染，然后去蜡，布面就呈现出蓝底白花或白底蓝花的多种图案，同时，在浸染中，作为防染剂的蜡自然龟裂，使布面呈现特殊的"冰纹"，尤具魅力。由于蜡染图案丰富，色调素雅，风格独特，用于制作服装服饰和各种生活用品，显得朴实大方、清新悦目，富有民族特色。

③扎染是中国一种古老的纺织品染色工艺，大理叫它为疙瘩花布、疙瘩花。其加工过程是将织物折叠捆扎，或缝绞包绑，然后浸入色浆进行染色，染色是用板蓝根及其他天然植物，故对人体皮肤无任何伤害。扎染中将各种捆扎技法与多种染色技术结合在一起，染成的图案纹样多变，具有令人惊叹的艺术魅力。

④夹染是通过板子的紧压固定起到防染的作用。夹染用的板可分为三种：一种是凸雕花板，一种是镂空花板，还有一种是平板。前两者是以两块板将布料层层夹紧，靠板上花纹遮挡染液而呈现纹理，这两种夹染图案可较为具体精细；后者是以布料的各种折叠和板本身的形状通过两板夹紧而进行局部或整体染色来显现花纹的，图案较抽象、朦胧，接近于扎染效果。

三、刺绣

刺绣分为手工绣与机绣、电脑绣等种类。手工刺绣的主要艺术特点是图案工整娟秀，色彩清新高雅，针法丰富，雅艳相宜，绣工精巧、细腻绝伦。但工艺复杂、工时较长，常用于高档的定制服装。机绣、电脑绣种类繁多、操作简便，是现代服装图案刺绣常使用的方式。刺绣图案的形象精巧秀丽、色彩华美、形式多样(图4-27)。

图4-25 直接印花工艺

图4-26 印染工艺

图4-27 刺绣图案

四、其他工艺表现

❶补花、贴花

补花、贴花是指将一定面积的材料剪成图案形象附着在衣物上，适合于表现面积较大、形象较为完整、简洁的图案。

❷织花、钩花

织花、钩花主要是通过编织、钩挑及蕾丝等方法来制作。通过不同针法，显现出繁复多样的花纹图案。

❸编结

编结是指以绳带为材料，编结成花结钉缝在衣物上，或将绳带直接在衣物上盘绕出花形进行缝制。在我国传统服装中运用较多，如中国的盘扣、中国结等装饰。

❹拼接

拼接是指利用多种不同的色彩、不同图案、不同肌理的材料拼接成规律或不规律的图案并做成服装。

❺缀挂

缀挂是指将装饰形象的一部分固定在服装上，另一部分呈悬垂或凌空状态，如缨穗、流苏、花结、珠串、银缀饰、金属环、木珠、装饰袋、挂饰等。

❻立体花

立体花是指装饰形象以立体形式出现于服装上。如不同面料制作成的花朵、蝴蝶结等，这种装饰在婚纱礼服中最为常见（图4—28）。

图4-28 立体花设计

【本章小结】

　　本章结合服饰图案设计的新趋势，介绍了中国历代服饰图案运用的历史变迁；图案的基本构思、写生、造型，服饰图案形象，服饰图案构成形式，服饰图案应用意义与设计原则；不同种类的图案在各类服装设计中的应用，印染、刺绣、贴花等服饰图案的工艺表现，服饰图案设计应用等。

【思考题】

　　1.简述中国传统服饰图案的发展历史。

　　2.简述花卉图案的造型方法及应用。

　　3.图案在不同年龄段的服装设计中的应用特点。

　　4.服饰图案印染工艺的种类及应用特点。

★ 知识目标

　　通过对本章的学习，掌握服装风格的分类、不同风格的特点以及代表性的品牌服装特征。

★ 能力目标

　　通过对服装风格的分类以及各种风格特点的学习，掌握设计理念及设计风格的重要性。

第五章

服装风格

随着时代的发展、思想的解放，人们越来越注重对个性的追求。那种由一种风格统领十几年的情况，已经不复存在。自20世纪90年代以来，流行服装的一个显著特点，就是进入了一个追求个性与时尚的多元化时代。各个历史时期、各个民族地域、各种风格流派的服装相互借鉴、循环往复，传统的、前卫的，各种新观念、新意识及新的表现手法空前活跃，具有不同于以往任何时期的多样性、灵活性和随意性。在各种工业产品和艺术商品中，服装的设计风格以广泛性和多变性著称。在服装的历史发展中，出现过诸多形态的服饰；现代社会中更是以强调风格的设计为核心。如今，人们的着装不只是一种视觉表现，还是一种生活态度、生活观念和情绪的表现。作为流行时尚的诠释者，要对多种审美意向和需求保持高度的敏感性，并能够透过流行的表面现象，掌握其风格与内涵。

第一节
服装风格的概念及意义

一、服装风格的概念

"风格"一词来源于罗马人用针或笔在蜡版上刻字，其最初含义与有特色的写作方式有关，后来其含义被大大扩充，并被应用到各个领域。风格是指艺术作品的创造者对艺术的独特见解和与之相适应的独特手法所表现出的作品风貌特征。风格必须借助于某种载体形式才能体现出来，它是由创作者主观创意和客观题材性相统一而造成的一种难以说明、却不难感觉的独特风貌，是创造者在长期的实践中获得的。

服装风格是由设计的所有要素——款式、色彩、面料、配饰等，形成的统一的外观效果，具有一种鲜明的倾向性。风格能在瞬间传达出设计的总体特征，具有强烈的感染力，能达到见物生情的目的，产生精神上的共鸣。

服装风格指一个时代、一个民族、一个流派或一个人的服装在形式和内容方面所显示出来的价值取向、内在品格和艺术特色。服装风格是服装外观样式与精神内涵相结合的总体表现，是服装所传达的内涵和感觉；服装设计追求的境界是风格的定位和设计，服装风格表现了设计师独特的创作思想，艺术追求，以及鲜明的时代特色。影响服装发展变化的因素很多，有政治、经济、环境和文化艺术等各方面的因素。在服装发展史中，每个历史阶段的服装风格都是以绘画艺术、建筑艺术和装饰艺术以及哲学艺术等艺术风格进行命名的。服装风格所反映的客观内容，主要包括三个方面，一是时代特色、社会面貌及民族传统；二是材料、技术的最新特点和它们审美的可能性；三是服装的功能性与艺术性的结合。服装风格反映时代的社会面貌，在一个时代的潮流下，设计师们各有其独特的创作空间，能够造成百花齐放的繁荣局面。随着社会的不断进步，风格的内涵和外延也不断地发生变化，所以说凡是脱颖而出的服装风格，不会是主观随意的产物，它的出现必然具有客观依据。

进入21世纪后，人类的自然科学、人文形态、意识理念、设计创作等都在经历新的变革，服装风格也在变革之中。服装风格的建立和推广不能远离社会需求，应该同当代人的审美理想、生活状态、服装的服用功能联系起来，在服装产品中表现出设计的理念和流行的趣味。

二、服装风格的意义

服装设计风格是创作者设计理念的体现，在这种理念驱使下，设计风格自然形成，并具有明显的特征。服装的风格走向，是其由内而外散发出的服装的内涵与真谛，是服装的神韵和灵魂，服装风格的划分对现代服装设计具有很重要的意义。

❶ 对于服装审美的意义

服装和所有其他的艺术形式一样，通过点、线、面、体四大造型要素，以及色彩、材质等的组合而表现出其风格。风格的形成是设计师走向成熟的标志，也是区别于一般作品的重要标志。风格的本质意义在于，它既是设计师对审美客体的独特而鲜明表现的结果，也是艺术欣赏者对艺术品进行正确欣赏、体会的结果，因而它在某种意义上揭示了艺术创作与欣赏的本质特征之一——现实世界与审美客体的无限丰富性与多样性。

一种成熟的服装风格应该具有独特性，服装是时代的镜子，能反映出时代面貌。服装的风格与设计个性特征有着一致性，并与设计师所处的历史时代发生联系，服装发展史表明，具有不同创作个性的艺术家几乎不可能超越他们所生活的时代，他们的审美判断大多脱胎于其所处时代占主导地位的审美需要和审美思想。

❷ 对于服装市场的意义

服装作为商品在市场上流通，尤其是品牌服装市场，必须与其他品牌服装有明显的区别，而这种明显区别之一就表现在服装的风格当中。为了区分服装产品之间的差别，在进行设计时必须以消费者为对象，针对不同层次的消费者进行生产；但由于消费者覆盖范围广泛，首先必须清楚地掌握消费对象的年龄、性别、文化素养、审美情趣、社会地位、生活习惯、经济状况等，以及他们对服装的认识、理解和偏爱等。

大多数情况下，设计师在进行设计时的审美心态同消费者面对成品时的审美心态不一致。设计师在进行设计时必须抓住不同消费层次的消费者，对自己的服装产品进行合理的定位，才能达到为服装产业创造商业利润的目的。消费者在购买服装时，购买的不仅是服装本身的款式、面料和色彩，更重要的是购买了服装的理念风格。

第二节
服装风格的分类

服装的风格倾向是表示服装内涵和外延的一种方式，风格是一种分类的手段，人们通常依靠风格判断服装作品的类别和来源地。服装款式千变万化，形成了许多不同的风格，展现出不同的个性魅力。划分服装风格的角度很多，划分标准给服装风格赋予了不同的含义和称呼。服装的风格各不相同，按照流行面积大小可分为主流风格和非主流风格；按造型角度分为古典风格、优雅风格、休闲风

格等。在漫长的历史发展进程中，服装风格不计其数，有代表地域特征的服装风格，如土耳其风格、西班牙风格；代表某一时代特征的服装风格，如中世纪风格、爱德华时期风格；代表文化特征的服装风格，如嬉皮风格、常春藤名校联合会风格；以人名命名的服装风格，如蓬巴杜夫人风格、夏奈尔风格；代表特定造型的服装风格，如克里诺林风格、巴瑟尔风格；体现人的气质、风度和地位的服装风格，如骑士风格、纨绔子弟风格；代表艺术流派特征的服装风格，如视幻艺术风格、解构风格等。按照造型角度的不同，大致分为以下几种：

一、优雅风格

❶ 优雅风格分析

优雅风格来源于西方服饰风格，具有较强的女性特征，兼具有时尚感、是较成熟的、外观与品质较华丽的服装风格。它讲究细部设计，强调精致感觉，装饰比较女性化，外形线多顺应女性身体的自然曲线。西式优雅干练的套装模式已经成为世界范围通用的语言，优雅风格的服装在人类生活中担负着更多的社会性，表现出成熟女性脱俗考究、优雅稳重的气质风范。优雅风格的女装往往在微妙的尺寸间变化。

（1）从造型要素的角度看，优雅风格服装的点、线、面的运用不受限制，体的表现较少。面的表达在优雅风格的服装中是最多的，并且多数比较规整；点造型以点缀为主；线造型表现比较丰富，分割线以规则的公主线、省道腰节线为主。装饰线的形式较丰富，包括工艺线、花边、珠绣等。

（2）从造型特点看，优雅风格的服装讲究外轮廓的曲线，比较合体；局部设计时领形不宜过大，上衣多为翻领、西装领、圆领、狭长领；采用门襟对称的方式，多使用小贴带、嵌线袋或者是无袋，肩线较流畅，袖形以筒形袖为主，腰线较宽松，显得潇洒飘逸、超凡脱俗。

（3）从色彩角度看，优雅风格服装色彩因面料而异，机织面料多采用灰、白、浅粉、蓝、黑。针织面料多采用棕、黄、蓝绿、灰或彩虹色。色彩多采用轻柔色调和灰色调，配色常以同色系的色彩以及过渡色为主。

（4）从面料的角度看，用料比较高档，面料材质多为高科技面料及传统高级面料。

❷ 优雅风格品牌赏析

优雅风格又分为中性化风格、女性化风格、奢华风格等。中性化风格的代表为乔治·阿玛尼（Giorgio Armani），女性化风格的代表品牌为瓦伦蒂诺（Valentino），针织品牌为意大利著名品牌米索尼(Missoni)等（图5-1）。

意大利著名品牌乔治·阿玛尼（Giorgio Armani），其细腻的质感和简洁的线条无不彰显出舒适、洒脱、奔放和自由的特性，看似不经意的裁剪却隐约显露出人体的美感与力度，既摒弃了束身套装的乏味也倾覆了嬉皮风格的玩世不羁。乔治·阿玛尼认为，设计是表达自我感受和情绪的一种方式，是对至美追求的最佳阐释，是对舒适和奢侈、现实与理想的一种永恒挑战。时至今日，乔治·阿玛尼已不仅仅是一个时装品牌，还代表了一种生活方式，将男性与女性的华丽、性感与创造性演绎到了极致。

意大利著名品牌创始人瓦伦蒂诺（Valentino）是时装史上公认的最重要的设计师和革新者之一。这位以富丽华贵、美艳灼人的设计风格著称的世界服装设计大师，用他那与生俱来的艺术灵感，在缤纷的时尚界引导着贵族生活的优雅，演绎着豪华、奢侈的现代生活方式。他经营的瓦伦蒂诺品牌以考究的工艺和经典的设计，成为追求十全十美的社会名流们的最爱。他出色的成就使他在世界时装界的地位超过了法国的圣·洛朗、皮尔·卡丹等人，位列世界八大时装设计师之首。高级面料和华贵奢侈的风格，考究的做工，瓦伦蒂诺品牌服装从整体到每一个细节，都力求做到尽善尽美。

二、浪漫风格

❶ 浪漫风格分析

浪漫主义风格是将浪漫主义的艺术精神应用于时装设计的风格，巴洛克和洛可可服饰均为具有浪漫主义风格的典范。1825年至1850年间的欧洲女装属于典型的浪漫主义风格，这个时期被称为浪漫主义时期，服装风格特征为宽肩、细腰和丰臀。上衣用泡泡袖、灯笼袖或羊腿袖来加宽肩部尺寸，紧身胸衣造成丰满的胸部和纤细的腰肢，与圆台型的撑裙共同塑造成X型的造型线条。20世纪90年代的浪漫主义则不同于20世纪80年代末那种追求装饰的人工主义，而是更趋近于自然柔和的形象。

（1）浪漫主义就是一种回避现实、崇尚传统的文化艺术，追求中世纪田园生活情趣或非凡的趣味和异国情调，模仿中世纪的寨堡或哥特风格，给人以神秘浪漫的感觉。

在现代时装设计中，浪漫主义风格主要反映在柔和圆转的线条，变化丰富的浅淡色调，轻柔飘逸的薄型面料，以及泡袖、花边、绲边、镶饰、刺绣、褶皱等方面。浪漫风格的服装华丽优雅、柔和轻盈，容易让人产生幻想。不同季节推崇的女性化形象会有所变化，既有甜美、可爱的少女形象，也有大胆、性感的成熟女性形象。

（2）浪漫风格的造型特征包括柔软、流动的长线条，贴体的款式

图5-1 优雅风格女装

图5-2 浪漫风格服装

图5-3 田园风格服装

设计，女性特征的图案纹样，常采用柔软的、悬垂感较强的极薄的丝、绢或者以蕾丝饰边，在朦胧之间体现女性的摇曳多姿。

（3）浪漫风格的色彩特征是纯净、妩媚，以粉红色、白色为主，此外黄、浅紫和紫色也较为常用。

（4）浪漫风格采用的面料多为透明洒脱、悬垂感好的服装用料。如轻而柔软的薄棉布，织纹较密的麻布，光亮飘逸的绸，极薄的丝等。可爱的少女风格常以缎带装饰、裙子抽褶、衣饰绲边，面料多以碎花为主，配以蕾丝饰花。

浪漫风格的服装细部表现均相当女性化，如打褶皱、缝裥、悬垂、露肩等。在面料运用方面也别具匠心，如将苏格兰格子布斜裁用于晚礼服；将黑色丝绸印花布中有花纹的部分展示于胸部之上，胸部之下采用直筒形的丝绸面料，非常理智而富有创造性（图5-2）。

❷ 浪漫风格品牌赏析

法国著名品牌尼娜·里奇（Nina Ricci）始终是时装界最响亮的名字之一，服装以别致的外观、古典且极度女性化的风格深受优雅富有的淑女青睐，具有良好声誉。

三、田园风格

❶ 田园风格分析

田园风格的设计，是追求一种不要任何虚饰的、原始的、纯朴自然的美，是从大自然中汲取灵感，用服装表达大自然的神秘力量。现代工业形成的污染对自然环境的破坏，繁华城市的嘈杂和拥挤，以及快节奏生活给人们带来的紧张和压力等，使人们不由自主地向往精神的解脱，追求平静单纯的生存空间，向往大自然。田园风格响应了这样的诉求，给人们带来了淳朴、原始、自然和不加修饰的美感。田园风格的服装不一定要染满原野的色彩，但要褪尽都市的痕迹，反映人在天地中的自由感觉，离谋生之累，入清静之境。美国著名品牌安娜·苏（Anna Sui）是田园风格的典范（图5-3）。

（1）田园风格的设计特点是：崇尚自然，反对虚假的华丽、繁琐的装饰和雕琢的美。表现的是纯净、朴素的自然，以明快清新具有乡土风味为主要特征，以自然随意的款式、朴素的色彩表现一种轻松恬淡、超凡脱俗的情趣。他们从大自然中汲取设计灵感，常取材于树木、花朵、蓝天和大海，表现大自然永恒的魅力。

（2）田园风格的服装一般为宽大、舒松的款式，采用天然的材质，为人们带来悠闲浪漫的心理感受，具有一种悠然的美感。这种服装具有较强的活动机能，适合郊游、散步和做各种轻松活动时穿着。

（3）田园风格的面料多以天然纤维为主，如小方格、均匀条纹、碎花图案的纯棉面料，棉质花边等。

❷ 田园风格品牌赏析

淑女屋品牌在2009年夏装新款的服装中，田园风味十足；清新、典雅，没有过多的细节设计，却能吸引众多的目光，层叠的花边及装饰、浪漫的艺术印花、精美的蕾丝、甜美的色彩，都是清新甜美田园风格的典型特征（图5-4）。

四、经典风格

❶ 经典风格分析

经典风格被称为Orthodox、Traditional，指传统的、保守的、端庄大方的、受流行影响较少的、比较成熟的、能被大多数人接受的，严谨而高雅、文静而含蓄、讲究穿着品质的服装风格，是以高度和谐为主要特征的一种服饰风格。这类服装组合层次比较清晰，可按照一定的礼仪标准划分，正统的西式套装是经典风格的典型代表（图5-5）。

（1）从造型元素角度分析，经典风格多用线造型，多表现为分割线和少量装饰线；面造型相对归整且没有进行太多琐碎的分割；经典风格的服装中较少使用体造型，点造型也使用得不多，过多使用这两种元素会使服装显得烦琐，与经典风格的简洁高雅不协调。

（2）从款式角度分析，款式多由套装、衬衫、小礼服以及风衣等正装组成，可体现严谨、高雅的气质。经典风格的服装轮廓多为X型和Y型，A型也经常使用，而O型和H型则相对较少。局部设计中，领型多为常规领型，衣身多为真身或略微收腰身，使用省道线、常规分割线，门襟纽扣对称的形式，袖型以直筒装袖居多，口袋多使用暗袋、插袋。设计中有时出现局部印花和绣花，常与领饰、礼帽、胸花、正规包袋等搭配，以体现设计的含蓄和内敛。

（3）从色彩角度分析，经典风格的服装色彩多以藏蓝、海军蓝、酒红、墨绿、宝石蓝、紫色等沉静高雅、大方的古典色为主。

（4）从面料角度分析，经典风格的服装面料多选用传统的精纺面料，以单色无图案和传统的条纹和格子面料居多。

❷ 经典风格品牌赏析

夏奈尔服装是经典风格的典型代表。可可·夏奈尔本人几乎已经成为一个时代的偶像，而夏奈尔的商标则成为高品位的经典标志。成名于一战后的夏奈尔（CHANEL）借妇女解放运动之机，成功地将原本复杂、繁琐的女装设计得简洁高雅。夏奈尔品牌塑造了女性高贵优雅的形象，简练却不失华丽、朴素却不失高雅。夏奈尔时装永远有着高雅、简洁、精美的风格，她善于突破传统，成功地将"五花大绑"的女装推向简单、舒适，堪称最早的现代休闲服。夏奈尔最了解女人，其产品种类繁多，每个女人在夏奈尔的世界里总能找到适合自己的东西，在欧美上流女性社会中甚至流传着一句话"当你找不到合适的服装时，就穿夏奈尔套装"（图5-6）。

图5-4 田园风格服装

图5-5 经典风格服装

图5-6 夏奈尔服装

图5-7 都市风格服装

五、都市风格

❶ 都市风格分析

都市风格具有都市情调，与大都市的建筑、道路、现代化的景物以及快节奏的生活方式和社交礼仪联系在一起，风格介于休闲和正装之间。造型简洁，直线结构居多，线条利落，讲究服装的机能性，富有时代感，多采用黑、白、灰等色系，面料考究，如采用精纺毛料、呢绒等。穿着者年龄跨度较广，没有强烈个性，是典型的大众流行风格。

❷ 都市风格品牌赏析

都市风格的服装品牌有丹麦著名品牌杰克·琼斯（Jack&Jones）、法国著名品牌艾格（Etam）等（图5-7）。

六、休闲风格

❶ 休闲风格分析

休闲风格以穿着宽松随意与视觉上的轻松惬意为主要特征，年龄层跨度较大，可适应多个阶层日常穿着。休闲风格多以中性休闲风格居多，包括大众化的休闲成衣和运动风格成衣。

（1）从造型元素的角度分析，休闲风格的服装在造型元素的使用上没有太明显的倾向性。点造型和线造型的表现形式很多，线造型有直线分割、曲线分割线、水平分割、垂直分割、斜线分割、花边、缝纫线等形式；点造型如图案、刺绣、大点、小点、点的聚散、配件等形式；面造型多重叠交错使用，以表现一种层次感；体造型多以零部件的形式表现，如坦克袋、连衣腰包等。

（2）从款式角度分析，休闲风格外轮廓简单，线条自然，多以直线型、H型为主，弧线较多，零部件少，装饰运用不多而且面感强，讲究层次搭配，搭配随意多变。领形多变，翻驳领少，一般为翻领、无领结构，连帽领居多；袖形变化范围变化较大，装袖、连袖、插肩袖、无袖都有使用；门襟形式多变，有对称的也有不对称的，多使用拉链、按钮等；口袋多为贴袋，袋盖的设计较多；下摆处往往会采用罗纹、抽绳等设计；装饰线使用很多，尤其是明辑线。

（3）从色彩角度分析，流行特征明显，运动风格成衣色彩搭配多采用明度高色、单纯色、对比色、互补色。

（4）从面料角度分析，面料多为天然面料，如棉，麻、羊绒、羊毛、安哥拉毛等，经常强调面料的肌理效果或者面料经过涂层、亚光处理。

❷ 休闲风格品牌赏析

荷兰名牌G-STAR、美国著名品牌盖普（Gap）、埃斯普瑞特（Esprit）、意大利著名品牌贝纳通（Benetton）等都属于休闲风格的典型代表。休闲风格服装充满青春活力，注重环保，85%以上采用天然纤维，以棉和毛为主，采用比较成熟的色彩，如灰色系和亮色系（图5-8）。

图5-8 休闲风格服装

七、中性风格

中性风格是性别差异不明显的服装风格，属于非主流的另类服装。随着社会、政治、经济、科学的发展，人类寻求一种毫无矫饰的个性美，女性中性服装弱化女性特征，借鉴部分男装设计元素。性别不再是设计师考虑的全部因素，介于两性中间的中性服装成为流行服装风格中的一大类别。中性服装以其简约的造型满足女性在社会竞争中的自信，以简约的形式使男性享受时尚的愉悦，突破传统衣着规范对两性角色的限制。

（1）从造型元素角度分析。中性风格的服装以线造型和面造型为主，线造型以直线和斜线居多，曲线的使用相对较少，以分割线为主。面的造型大多都是规整对称的形式，体造型几乎不使用，点造型一般作为设计中连接的部分，除此之外使用很少。

（2）从款式角度分析。中性风格服装外轮廓造型以直身形、筒形居多，局部造型中门襟多为对称式，肩部经常使用育克，袖子多以装袖、插肩袖为主，同时使用克夫袖、衬衣袖等收紧式袖口。口袋的变化不大，多使用暗袋或者插袋，装饰线的形式多为明辑线。

（3）从色彩的角度分析。色彩的明度较低，灰色用得较多，较少使用鲜艳色彩，常用黑、白、灰无彩色系，并与有彩色系搭配。

（4）从面料角度分析。中性风格服装常采用舒适、耐用、易打理的面料，图案与装饰简洁明了（图5-9）。

八、前卫风格

❶ 前卫风格分析

前卫风格是将波普艺术、视幻艺术、抽象艺术等作为灵感来源，运用超前流行的设计元素，以怪异为主线并富于幻想的服装风格。强调对比因素，局部夸张，追求一种标新立异、反叛的刺激形象，是个性较强的服装。

（1）从造型元素角度分析，前卫风格在造型元素上同时可以使用四种元素，只是元素的排列不太规整，可以是交错重叠的面，也可以是自由灵活的分割线，还可以大面积使用点造型而且使用规

图5-9 中性风格服装

则的排列方式。

（2）从款式角度分析，前卫风格会出现有异于常规服装的特点，多会出现不对称的结构和装饰。局部设计灵活多变，领部的夸张、门襟的左右不对称、袖山的膨起、挖洞、漏肩等，袖口的收紧、宽松、荷叶边、抽褶等；口袋的形状更是无法限制，在前卫风格中常出现立体袋、大型贴袋等。毛边、做旧、挖洞、打铆钉、磨砂、喷绘、抽纱等装饰的手法也是前卫风格的服装中经常出现的。

（3）从色彩的角度分析，前卫风格的服装色彩不受限制，可以使用灰暗低沉的色彩，也可以使用嚣张宣泄的色彩。

（4）从面料的角度分析，前卫风格的服装多使用一些时髦刺激、新颖奇特的面料，各种真皮、仿皮、牛仔、上光涂层、哑光涂层、高科技的面料等。

❷ 前卫风格分类

年轻人疯狂的创造力和大胆推崇新风格的魄力，使得一批具有前卫风格的服装呈现在世人面前，出现新的着装形式。下面是一些前卫风格中比较典型的代表：

（1）波西米亚风格

波西米亚（Bohomian Chic），文化学者将其定义为嬉皮与雅皮的杂交品种，一种自由奔放、大胆浪漫的经典青年风格。关于波西米亚人有一个模糊的定义：波西米亚人是吉卜赛人也即茨冈人，包括颓废派的文化人。以流浪的方式行走世界，不信奉上帝，通过流浪人的手艺谋生，擅长"星象占卜"和"顺手牵羊"。

在叛逆的20世纪60年代，"波西米亚"是嬉皮士向中产阶级挑战的有力武器，其行为特点在于以纯手工对抗工业化生产。在今天，"波西米亚"已成了一种象征，代表流浪、自由、放荡不羁、颓废、热爱艺术、反叛、追求自由，在服装领域依然保留了某种游牧民族的风格，以鲜艳的手工装饰和粗犷厚重的面料引人注目，特别是饰品，多以缠绕的串珠、流苏项链为主。配合的妆容则讲究憔悴而漂亮、黯然而浪漫、贫穷而时髦。

波西米亚风格服装的特点是兼收并蓄，融合了多地区多民族的特色：俄罗斯层层叠叠的波浪多褶裙，印度的珠绣和亮片，摩洛哥的皮流苏和串珠……丰富的色彩和多变的装饰手段等手工打造的精巧被统一在不羁中。波西米亚风格的主要特征就是流苏、涂鸦带给人的视觉冲击和神秘气氛，这种服饰风格对简约风格形成了巨大冲击（图5-10）。

（2）朋克风格

朋克（Punk）是20世纪70年代后半叶在伦敦产生的、以反叛旧体制的时尚运动为灵感来源的风格。Punk的精髓在于破坏，彻底的破坏与彻底的重建。

朋克风格大致来说包括音乐和服饰两个方面。发泄怨恨、进行控诉，这种称之为朋克的反摇滚音乐力量兴起于20世纪70年代。从朋克音乐诞生的那一刻起，朋克风格就变成了另类时尚的标志。早期朋克的典型装扮是用发胶胶起头发，穿一条窄身牛仔裤，加上一件不扣纽扣的白衬衣，再戴上一个耳机连着别在腰间的walkman，耳朵里听着朋克音乐。美国著名歌星麦当娜就是朋克时装潮的代表人物。朋克风格被各大设计品牌重构吸收，始于维维安·韦斯特伍德（Vivian Westerwood），被称为"朋克之母"，她是20世纪后期国际上最重要的设计师之一，早在70年代就以叛逆的服装风格成名，她将地下和街头时尚变成了大众流行风潮。进入20世纪90年代以后，时装界出现了后朋克风潮，它的主要指标是鲜艳、破烂、简洁、金属、街头。

朋克风格常采用的图案装饰有骷髅、皇冠、英文字母等，并镶嵌闪亮的水钻或亮片在其中，制作精致，具有一种另类的华丽之风（图5-11）。色彩运用通常也很固定，譬如红黑、全黑、红白、蓝白、黄绿、红绿、黑白等，最常见的是红黑搭配。

朋克的另一个特征是，服装的破碎感和金属感。Punk系列多用大型金属别针、吊链、裤链等比较显眼的金属制品来装饰服装，尤其常见的是将服装故意撕碎用金属制品连接被破坏的地方。

（3）嘻哈风格（Hip-Hop）

嘻哈风格（Hip-Hop）从诞生之日起就是一种街头风格，通常把音乐、舞蹈、涂鸦、服饰装扮结合在一起，称为20世纪90年代最为强势的一种青少年装扮。Hip-Hop服饰主要以大T恤、垮裤、破球鞋、挂粗链为主要特征。美国是嘻哈风格的发源地，为主流穿法，低调、极简的日式嘻哈属于小众潮流。美东纽约一带由于主流品牌如Sean John、mecca逐渐调整品牌策略和设计风格，穿着、搭配更注重精致感。美西风格一如加州的爽朗、明快、自由，冬天连帽T恤、夏天T恤配上垮裤即可，但是非常重视衣服上的涂鸦，甚至当做传达世界观的工具（图5-12）。

（4）嬉皮风格

嬉皮士（Hippie）本来是指西方国家20世纪六七十年代反抗习俗和时政的年轻人。嬉皮士不是一个统一的文化运动，它没有宣言或领导人物，嬉皮士用公社式的和流浪式的生活方式来表示他们对民族主义和越南战争的反对，他们提倡非传统的宗教文化，批评西方国家中层阶级的价值观。

"新嬉皮主义"风格以多种元素的混合搭配为特点：从细节上

图5-10 波西米亚风格服装

图5-11 朋克风格造型

图5-12 嘻哈风格

看，有繁复的印花、圆形的口袋、细致的腰部缝合线、粗糙的毛边、珠宝的配饰等；从颜色上看，有暖色调里的红色、黄色和橘色，冷色调里的绿色和蓝色等；从款式上看，女式紧身服多采用轻薄又易于穿着的面料，而男式衬衫、外套则广受异域风情的影响。

（5）波普风格

波普艺术是与时装结合最为紧密的现代艺术。波普风格代表了20世纪60年代工业设计追求形式上的异化及娱乐化的表现主义倾向，"波普"是一场广泛的艺术运动，反映了战后成长起来的青年一代的社会与文化价值观，以及其表现自我、追求标新立异的心理。

从设计上说波普风格并不是一种单纯的、一致性的风格，而是各种风格的混合，追求大众化的、通俗的趣味，反对现代主义自命不凡的清高，在设计中强调新奇与独特，并大胆采用艳俗的色彩。

追求新颖、古怪、稀奇，"波普"设计风格的特征变化无常，难于确定统一的风格，汇集了形形色色的折衷主义的特点，被认为是一种形式主义的设计风格。波普风格主要体现在服装面料以及图案的创新上，将图案、文字、色彩、线条搭配在一起运用，并加以夸张和变化，富有含义和情趣（图5-13）。

图5-13 波普风格服装

(6) 贫乏主义风格

贫乏主义是一种粗野、颓废的乞丐装扮的服装风格，通常以破损、碎裂的材料为特征（图5-14）。

图5-14 贫乏主义风格

第三节
服装风格的多元化

服装风格的多元化是当代设计与审美的一个显著特点，服装艺术既要从自然界、历史和传统中去寻找温馨的人情味，又要借助现代高科技的手段，表现对未来世界的无限畅想，只有对多种审美意向保持高度的敏感性，才能创作出既令人惊喜又耐人寻味的作品。

在各种工业产品和艺术商品中，服装设计的风格以多变性和广泛性著称。在过去几千年的历史发展中，出现了诸多的服装形态，进入现代社会以后，时尚格外强调设计风格和变化。自20世纪末以来，服装风格日益多元化，其成因如下：

一、政治的多极化、经济的多元化

国际政治格局由两极向多极化的演变是战后世界历史运动的一种基本趋势，这种历史趋势始于20世纪50年代后期，这些因素的合力推动着多极化趋势的发展。 世界走向多极化是一个逐步演进的过程，20世纪80年代是国际政治格局发生重大变动的时期，世界的多极化在新的历史条件下开始了新的发展进程。

全球化带来的影响并不能导致文化的趋同，全球化对私人空间的侵蚀及带来的认同危机，都为认同自己的文化传统提供了可能。文化多元化之所以可能，除了全球化提供的可能性外，还在于每一民族文化的核心都具有一种永恒的价值，政治、经济的发展并不能破坏文化的价值核心。

二、文化的多元化

一切真正有生命力的"文化"，在它能够凝聚人心以抵制外部之强制同化的同时，决不需要在自己内部搞强制同化。文化多元化必然是文化间多元化和文化内多元化的统一，"和而不同"不仅应当是文化间关系的准则，而且应当是一个文化共同体内部人际关系、不同价值关系的准则。

三、艺术形式的多样化

艺术形式是艺术作品内部的组织构造和外在的表现形态以及种种艺术手段的总和。艺术形式包括两个层次：一是内形式，即内容的内部结构和联系；二是外形式，即由传达艺术形象的物质所构成的外在形态。在任何艺术作品中，内形式与外形式是结合在一起的，只有通过一定的艺术形式，艺术作品的内容才能够得到表现。艺术形式具有意味性、民族性、时代性、变异性等特点。

艺术形式是为艺术内容服务的。艺术形式是不断发展变化的。杰出的艺术家总是根据艺术内容发展变化的需要，批判地继承，改造旧的艺术形式，创立与新的艺术内容相适应的新形式，从而创造出具有鲜明时代精神和富于形式美的优秀艺术作品。

四、审美的差异和共同性

审美力属于社会的一般意识形态，与一定时代的社会生活有着较为直接的联系，受到社会政治、经济、文化各种因素的影响，有着鲜明的时代、民族、阶级的印记，具有时代性、民族性、阶级性等特性。同时由于个人的内在因素，诸如素质、经历、修养等的影响也会使个体审美有较大差异。

①审美力具有时代差异。审美是随着时代而发展变化的。它渗入审美心理之中，给审美以时代特色。

②审美力具有民族差异。这种差异性主要来源于历史形成的民族共同性，是各个民族中共同的风俗、习惯、生活方式、心理状态在审美活动中的反映。不同的生活习惯、生活方式、民族情感和心理特征，形成了各民族不同的审美力。

③审美力具有阶级差异。自人类进入阶级社会后，经济利益引起的阶级对立鲜明而难以调和，它贯穿于人们的审美活动中，表现在人们的美感中，使之出现差异。

④审美力有共同性。艺术美范畴有共同性，自然美有共同性，社会美也有共同性，所以人类各民族也有着一定的、共同的审美意识，这便是审美力的共同性。

五、求新、求异个性的发展

科学技术的迅猛发展使社会经济文化发展进入了一个新时代，随着新设计哲学的兴起，产品设计日趋个性化、多元化，产品富于故事性，附加值增加，以充分重视人的内心情感需求和精神需要为基础的情感化设计已成为一种崭新的设计思潮。个性化的产品个性鲜明，具有情趣化、概念化、差异化的特征，可满足消费者求新、求异，追求多层次、高层次的心理欲望，因而备受青睐。

服装的风格设计包括多方面的内容，风格也是服装内涵和外延的表现形式。因此，设计师一定要开拓自己的眼界，积累审美的经验，培养驾驭设计风格的能力。

【本章小结】

1.服装设计追求的境界是风格的定位和设计，服装风格表现了设计师独特的创作思想、艺术追求，同时也反映了鲜明的时代特色。

2.服装风格的设计是一个品牌具有某种性格的核心部分。

【思考题】

1.结合服装设计的要求，谈谈服装风格与设计方法的结合以及服装风格在品牌服装设计中的实际意义。

2.举例说明服装设计师风格倾向的形成原因。

★ 知识目标

　　了解服装系列设计方法，包括色彩、面料、造型、装饰和主题
五个方面的设计方法。

★ 能力目标

　　能够熟练运用知识模块中的各个要素进行服装款式系列设计，
并形成整体而又富于变化的系列感。

第六章

服装系列设计

　　系列设计指的是设计一组服装，由3个及以上的单套服装共同组合而成，3套以下的单套组合一般不称为系列。根据服装系列的组成套数可分为大中小三种规格，3～5套为小系列，6～8套为中系列，9套以上的为大系列。组合服装的系列规模由设计师根据一些外在的客观条件选择，如内容、形式、展示的环境等，当然规模越大，展示的效果也越好，设计师设计的难度也就越大。

　　系列服装设计讲究共性和个性的运用。共性是存在于一个系列的各个单套服装上的共有元素和形态的相似性，是系列感形成的重要因素。个性指体现在每一单套服装上的设计特征，即每个单套服装的独特性。将共性和个性这两者进行合适的搭配能够产生统一而又富于变化的效果，如果运用比例失调则会产生反效果。如共性的元素运用过多会导致设计单调、过于统一，缺乏变化和创新；而个性的元素运用过多则会导致服装的重点过多，单个的设计元素超过了服装本身，喧宾夺主。

　　在设计服装时我们可以运用的设计点包括面料、造型、色彩、标志、纹样、工艺手法、表现手法、服饰品等，对于这些设计点通过形状、数量、位置、方向、比例、长短、松紧、聚散等构成形式的不同取舍，才能够使系列服装达到既统一又富于变化的审美要求。

第一节

服装色彩的系列设计

　　在追求服装系列设计中的统一、整体感时，色彩、造型、面料、细节都可以起到调整和增强系列统一感的作用，其中以色彩的强调作用最为明显。如图6-1所示的系列服装，该系列礼服为华伦天奴2006年的静态展。展厅是按照颜色划分进行陈列的，其中分为大红色、黑色、白色和彩色。图中所示为白色空间陈列的红色系列礼服。可以看出礼服的面料、廓形、款式多变且形态各异，但是统一的大红色使得服装的系列整体性极强，陈列在白色的空间内，色相的对比强烈，对视觉的冲击力很大。

图6-1 系列礼服陈列

一、同一色彩的系列设计

选用同一色彩进行系列设计，可以通过选择不同质感和反光度的材料，增强同一色彩的层次感，从而降低同一色带来的单调。例如金色的丝绸上衣搭配金色的灯芯绒面料铅笔裤，虽然两者都选用了金色，但由于丝绸和灯芯绒表面肌理不同，反光度不一样，穿着后会因为人体的起伏曲面和动态产生不一样的光泽度。丝绸具有高光效果，灯芯绒保有本色效果。最终整体的色彩效果是上身明度高，下身明度低、视觉上过渡自然。

面料的混搭运用能够带来各种意想不到的效果。而面料的混搭设计也不光只有反光度才能够体现层次感，镂空、蕾丝等面料处理手法的运用也能够使得同一色相出现不同的色彩感和层次感。如图6-2所示的白色礼服运用了蕾丝面料和透薄的纱料，白色的蕾丝面料、纱料和肤色透叠在一起，使得白色出现了层次变化。

同一色彩的系列设计运用还可以进行纯度或明度的变化，然后组成色组，以色组的形式对系列服装进行色彩设计。如白色就可分为象牙白、钛白、乳白、米白等不同色感，在婚纱的设计中运用不同的白色可设计出不同的感觉。色组的选用可以结合渐变或者间隔等方法进行搭配。图6-3所示的系列服装选用了白色渐变到灰色的配色，使得整体系列感鲜明，同时色彩渐变过渡的位置发生变化，色彩的间隔设计以及变化丰富的褶皱设计又使其具有整体性而又不乏变化。

同一色彩的系列设计整体性极强，但很容易出现单调的情况。为了避免这种情况，可以采用调整色彩组合的位置变化、变化色块的面积大小、增加配色数量、采用多种质地的材料等方法，使系列呈现丰富的效果。如图6-4所示，通过运用平面构成和立体构成中的形式美法则，以矩形、盘线、斜向分割和趣味造型的肌理处理手法使得黑白色的搭配生趣盎然。

图6-2 面料处理手法的运用

图6-3 色彩的渐变设计

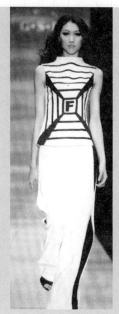

图6-4 黑白色搭配系列　　　　　　　　　　图6-5 类似色设计

二、类似色的系列设计

两个邻近色相的弱对比色调，其效果比同一色相丰富活泼，保持了和谐、雅致、统一的特点。图6-5所示和图6-6所示是两种不同风格的服装，均为类似色的配色设计。图6-5所示的服装在面料和造型上达到了统一，在色彩的搭配上采用类似色和类似色调设计，即使色相出现了变化，但系列感仍然较强。图6-6所示的服装和配饰色彩交相呼应，在个体设计中达到了统一的色彩效果。

三、对比色和补色的系列设计

对比色是在色相环中对立的两色，把对比的两色或两色组进行搭配，色彩感觉大胆、跳跃。比如红色搭配蓝色，红色有暖感、动感，蓝色有冷感、静感，两者的结合能产生强烈的跃动感。色组的运用还会产生极强的节奏感。如图6-7所示，选用了粉红色和蓝紫色这两种对比色作为系列配色的主基调，并降低了红色和蓝色的纯度，使得视觉上没有高纯度色彩搭配那么刺激，而是更加柔和、浪漫。对比色配色中，降低一方或双方纯度的配色方式一直流行于女装的设计中。移动色相的位置、扩大或缩小、整体的呼应和单一的点缀搭配、采用第三种色相间隔等设计手法，都能够使对比色或补色配色设计形成很好的系列整体感。图6-8所示为紫色和中黄色的这两种对比的系列设计。

四、彩虹色系的设计

彩虹色系的设计是指色相环上的各种不同色相的色彩推移组合，视觉

图6-6 统一的色彩设计

图6-7 对比色系列设计

效果丰富，尤其适合表现马戏团、童话设计等主题色彩设计。适度更改其明度或纯度搭配，容易表现强烈的民族风格，是所有色彩组合中最丰富的一种色彩设计方法（图6-9）。

在选用彩虹色系时，通过色相环的色彩渐变推移能够增强服装的系列感。但由于色相多，如果搭配不好也容易因为色彩过于丰富而变得杂乱，没有主体。为了避免这种情况，可以将色彩按照冷暖分组对比搭配或者注意色彩的关联，如一套服装上选用5～6种色彩做推移组合，下一套服装上留用前套服装上的2～3色，其他几色在色相环上往后推移，如此类推，这样的处理方法降低了在系列服装上运用彩虹色系设计的难度，也比较容易把握。

五、花色面料色系的设计

花色面料色彩丰富，近年春夏尤其流行，对于花色面料的色彩选择和图案运用可大致分为两种，一种走流行风格路线，另一种走民族风格路线。图6-10、图6-11所示为KENZO的作品，其对花色面料的运用已成为服装设计界的一种经典。

图6-8 对比色系列设计

图6-9 彩虹色系列设计

图6-10 KENZO的作品

图6-11 KENZO的作品

流行花色面料如果选用具象花纹，想要突出色彩的冷暖比例或者想要突出某种流行色相，在服装的配饰或装饰线、包边等装饰元素色彩的选用上会重复选用花色面料上设计师想强调的色相，使之呈现主次对比（图6-12）。如果是抽象花纹，色彩之间的间隔或者是相互渗透（如扎染效果）可以运用三色重叠的效果来搭配。如黄色和蓝色的相互渗透，渗透部分为绿色，过渡自然而且色相丰富，也能够产生很强的时尚感。

图6-12 选用具象花纹的作品

第二节

服装面料的系列设计

一、同一面料材质设计

系列设计的风格不同，选用的面料质感也不一样。如建筑风格的会采用保形性好的面料，用以强调其设计特点。而希腊罗马式的则多采用柔软、悬垂性好的面料，以表现其纵向的线条组织。两种设计风格，选用的面料前者给人以利落、大气、冷硬的感觉；后者给人以柔软、飘逸、绵延的感觉。服装系列设计可通过同一的面料材质而形成系列。

二、混搭面料材质设计

混搭讲究的是对比或层叠效果，以不同风格质感的面料透叠、相拼等手法形成对照，相互衬托以突出设计的创新。通常运用的对比手法有厚与薄的对比、镂空与透叠的对比（透明、不透明与半透明的效果）、软与硬的对比、细腻与粗糙的对比、肌理的对比（金属与尼龙、有光泽与无光泽、规则与不规则）等。

第三节

服装造型的系列设计

服装的外轮廓形主要有A形、S形、O形、T形、Y形、X形、H形等几种。不论是外部轮廓线还是内部结构线，都在服装中发挥着重要作用。产生廓形创意设计的方法有很多种，如夸大、缩小、重叠、挖缺、添补、对称、均衡等，这些设计手法都会使得廓形产生丰富变化。作为系列设计中外轮廓形的选择，一般不超过3种，过多的外形容易使服装系列出现凌乱感（图6-13）。

图6-13 简洁的外轮廓形

第四节
服装装饰的系列设计

以装饰手段为共性的设计是指系列服装在廓型和款式上基本相似的情况下，使用工艺手法为其增加细节设计的精致感、变化感的一种设计方法。

在装饰时一般要注意其形式美感，运用节奏、聚散等平面构成和立体构成知识，注重点线面的构成原理，要有主次、重点，视觉重量要平衡。设计装饰的部位为第一视觉点时，出现在服装上的位置要考究，一般与要强调的部位统一。例如：一款S形的服装，强调重点为腰部和臀围的设计，在髋部设计立体装饰，腰部保持S形，形成瓶颈的外形线，既突出了女性纤细的腰线又突出了设计强调的装饰重点。其手法与垫高了臀部的裙撑所强调的着装效果有异曲同工之妙。如图6-14所示的花形装饰，采用单一的立体装饰手法结合色彩突出主题，并且形成装饰的主次关系，恰如其分地强调了服装搭配的整体特点，又突出了设计重点。当装饰点数量少时，形状可以考虑偏大；反之则形状偏小。

图6-14 花形装饰

为了达到装饰的效果，可运用补（手工贴补和机器贴补）、绣（手绣和机绣）、钉、盘（盘花装饰）、雕、折叠、抽丝、挑针、拼、垫、编织、钩针、印花、染（蜡染和扎染等）、绘（手绘和喷绘）等多种工艺手法。如图6-15所示就运用了折叠等手法，结合廓型的变化和色彩的明度变化，巧妙地把色块组合在一起，形成了较强的系列感。

在以装饰为共性的系列设计中，为了使服装既能形成系列感又富于变化，装饰重点往往会在不同部位间移动。夸大装饰图案或者突出强调某部位、以装饰物的数量变化在服装上形成渐变或者聚散关系、间隔图案或饰物形成残缺美等手法都会使得共性在系列中产生丰富变化，从而形成单套服装的个性（图6-16）。

第五节
服装主题的系列设计

进行主题设计时，首先是要深刻理解主题思想，当你选择一个设计主题时，必须保证它能够拓展你的系列设计，并且是一个你感兴趣的主题，才能够激发你的创造性思维。很多设计师喜欢运用一些抽象的事物或思维来做灵感主题，而另一些设计师则喜欢具象的事物。不管是抽象还是具象，两者皆可，但一定要确保它对你有效，

图6-15 折叠等手法的运用

选择的主题一旦是一个毫无兴趣的事物，在设计的过程中很快就会遭遇瓶颈，而导致接下去的设计无法进行，从而前功尽弃。找到你想要表达的事物和概念后，然后对其进行分析，收集相关资料，确定表现手法，寻找构思的发散点，从而进行联想引申，最后再修改并且完成具体形象的表达，即通常所说的款型，然后选择相应的材料使它变成产品或者是作品。

一、服装主题系列设计注意事项

根据主题进行系列设计时，首先要注意以下四个方面：

(1) 主色调的选择和主题要相呼应

选定的灵感点是用来表现和发散主题的，因此主色调的选择较多地考虑与灵感事物相关的色相。当主题表现的是海洋生物时，主色调应该根据海洋生物的启示而确定，如深海中的海洋生物色彩丰富鲜艳，浅海的就稍微朴素些（图6-17），由此引起的联想和想象更加丰富了主色调。又如以大自然为启示，主色调可以考虑大地色系，提取返璞归真的色相，然后根据具体的想法确定是着重于某一季还是一年四季，在主基调的前提下选择亮色作为点缀色。而这中间可以选择的色组很多，同样是褐色、土黄和绿色的组合，春季中绿色基调就偏鲜嫩；而夏季则鲜艳和浑厚；秋季黄色和褐色则占主调，还应适当添加红色基调；冬季则是黑白加上深褐色。同一题材，不同的设计师设计就会产生不同的感觉，联想的思维模式不

图6-16 装饰重点的变化　　　　　　　　　图6-17 "来自深海的精灵"系列服装

同，发展引申而出的系列设计也就各具特色了。

（2）主色调的选择要和服装风格相呼应

色彩是最易让人产生联想的，因此常以暖色调来表达热情奔放、健康活力的风格；以冷色调来表达高贵、素雅、冷艳、刚毅的风格；以中性色调来表达优雅、经典、精致、含蓄的风格；以极色来表达简洁、时尚、单纯、敏锐的风格等（图6-18）。

（3）主色调的选择要和面料的质感相呼应

相同的色彩在不同的面料上会表现出不同的外观性格，在主色调的选择上应充分利用色彩性格表达、体现面料的材质美和肌理美。例如可以用色彩体现厚材料的深沉、轻材料的柔美、硬材料的挺括、软材料的飘逸等。只有将主色调的设计与体现面料材质的各种特性美综合在一起才能够产生惊人的魅力。

（4）主色调的选择与设计师所表达的情感相一致

色彩就像音乐一样能够体现设计师抽象的情感，或优雅，或悲伤，或激情昂扬，或凝重大方。设计师应赋予服装不同的气氛和情趣，使得人们能够在色彩气氛和质感的默契交融中感受到各种情调。

设计系列服装一般从一套开始，可以称其为系列服装中的主打款式，是根据总体定位构思出的一套能代表系列设计风格、情调以及形态特征的服装款式。主打款式的构思常借助常规的服装模式和服饰形式并在制作工艺上进行标新立异。如图6-19所示的最左边的为主打款，右边的三套创意装分别根据第一套延伸而得出。延伸的系列服装中运用了主打的颜色以及装饰花纹和分割的形式，并且搭配了不同的配饰。

图6-19 由主打款延伸的系列服装　　　　图6-18 主色调与服装风格相呼应

二、服装主题系列设计方法

在主题系列设计中，可以运用和借鉴的设计方法有很多种，通常运用较多的有仿生和复古两种设计法，这两种设计手法比较平常但运用较多，著名的郁金香裙就是根据郁金香仿生而得来的。而时装界总是峰回路转，不断有复古风出现，各个年代都有其鲜明的服饰特征。设计师对其加以巧妙的借鉴和运用，再添加当今的流行元素，就能够设计出符合现代人审美的复古风格服装。除了以上两种设计手法，还可以借用一些风格主义进行设计，如现今较为流行的极简主义和解构主义，根据设计风格的主基调进行设计，对主题进行剖析，运用特定主义风格中的表现手法形成鲜明的特征。确定了设计的方法，在款式的变化上也有很多手法，以下列举几种：

（1）夸大和缩小

夸大或缩小服装的整体或者某一局部。在系列的服装设计中，夸大或缩小的部位可以变换，或者不变换。不变换部位的设计手法就应该变换。

（2）要素重新配置

把服装的各个部位进行充分分解，或者把服装上的装饰元素、构成要素相互交换重新组合配置。

（3）重复和叠加

重复和叠加从广义上来说没有太大差别，但从狭义上讲可以理解为两者的排列和构成形式有所不同。重复可以运用渐变或聚散的形式美法则一字排开由点聚拢成线或者面。叠加则可以两形重叠相交，切片式设计就是把面料裁切成圆形，一片一片重复叠加构成立体型。图6-20所示为郭培玫瑰坊的发布作品，运用的设计手法为重复和叠加。

（4）增加功能性的设计

服装的属性包括功能性和装饰性。纯粹装饰性设计的服装可以理解为艺术品，功能性设计的服装则因其实用而被我们在日常生活中穿着。把装饰性的艺术品添加上功能性设计可以使之成为实用装，可以在更大的空间增强其艺术性。

图6-20 郭培玫瑰坊作品

(5) 多元素结合

图6-21所示的服装为日本新人奖入围的优秀作品。设计师以旅行包为主题展开系列设计，把服装和旅行包结合在一起进行设计，使得服装的形态融入了旅行包的特征。旅行包的融合方式和位置变化推移，或者把不同造型的旅行包与同一种服装款型相融合，都能够成为很有创意的主题系列设计作品。

图6-21 服装与旅行包结合系列设计

(6) 缠绕或编织

借鉴古希腊的着装方式，运用编织和缠绕的手法，由于单位面料的形状和长度不同，最后呈现的效果也各有千秋（图6-22）。

(7) 分割或不对称

运用分割要注意不应分割得过于琐碎，而不对称讲究的是均衡之美。

图6-22 缠绕或编织的运用

综上所述，不管是仿生还是复古，抑或是极简和解构设计手法，都是在加法设计和减法设计的大范围下进行的，把握一个度，做到整体而不单调、变化而不零碎，就能够设计出很好的主题系列作品。

同时还要注重单套作品独特的个性和创新以及每款服装间的系列关联，即整体的协调和个性的完美（图6-23）。在设计手稿阶段必须关注以下几个方面：

①造型风格是否贯穿在整个系列设计中，系列作品应用的设计要素是否有连贯性和延续性。

②单套色彩的运用和系列配色组合是否体现出一组主色调的色彩效果，并有节奏地穿插在系列的每一个款式之中。

③纹样风格是否统一，表现纹样的手法是否一致。

④材料能否形成整体和谐的基调而又有局部的变化性。

⑤装饰手法、缝制工艺是否表现为统一的风格。

⑥配件、饰品风格是否与系列作品存在内在联系和相呼应的关系（图6-24）。

图6-23 整体的协调和个性的完美

图6-24 饰品风格与服装风格相呼应

【本章小结】

本章主要阐述了系列设计的方法论，把系列设计的类别按照色彩、面料、造型、装饰和主题分为五大块，根据不同的知识块面划分介绍了不同的系列设计形成手法。色彩的系列设计手法按照24色相环上的色彩归类和推移划分色组，以不同色组的组合形成不同设计方法，如同一、类似、对比和互补色等。在面料方面介绍了按照材质的肌理对比、统一或混搭进行设计的手法。造型方面讲解的是如何以服装的几大基本廓形为基础进行系列设计。装饰方面着重阐述不同的装饰手法和装饰点的形式美构成。主题系列设计中讲解了主题的联想和思维的发散，通过各种设计手法把灵感和创意表现在系列服装设计上。要求学生通过学习能够分清各种设计要素的不同特点，对系列设计的不同手法能够熟练运用，并且设计出统一而富有变化的系列作品。

【思考题】

1.服装色彩的系列设计方法有哪几种？不同的方法其效果有何不同？

2.试举出更多混合的面料材质设计手法。

3.产生廓形创意设计的方法有哪些？

4.根据主题进行系列设计时应注意哪些要点？

5.重复和叠加在服装设计中的含义分别是什么？

★ 知识目标

　　了解进行成衣流行信息收集与流行趋势分析的方法，能根据消费者需求分析和市场分析进行成衣市场定位和新产品开发设计。

★ 能力目标

　　掌握成衣设计程序的应用知识和基本技能，将成衣设计原理在各类成衣中加以正确灵活地应用，把握其时尚性和实用性。

第七章
成衣款式设计

第一节

成衣概述

一、成衣的概念与分类

在服装行业中，有一些常见的名称如成衣、高级成衣及高级定制服等，这些名称都各有其基本概念。

❶ 成衣（Ready-made clothes）

成衣指按一定规格、型号标准批量生产的成品衣服，是相对于量体裁衣式的定做和自制的衣服而出现的一个概念。成衣作为工业产品，符合批量生产的经济原则，生产机械化，产品规模系列化，质量标准化，包装统一化，并附有品牌、面料成分、号型、洗涤保养说明等标识。

成衣品牌中的全球销售量翘楚——西班牙的Zara、瑞典的H&M、美国的Gap、德国的C&A、日本的优衣库（Uniqlo）等，都以平民时尚、快速时尚的理念，抓主流人群（中产阶层）的定位，以更快、更近、更便宜的特点，在全球兴起了轰轰烈烈的服装界革命（图7-1）。

由世界设计师山本耀司（Yohji Yamamoto）担任创意总监与adidas合作的全新品牌Y-3（图7-2），成为高级成衣品牌设计师和成衣品牌联姻的典范。

❷ 高级成衣（Senior ready-made clothes）

高级成衣译自法语Pret-a-porter，是指在一定程度上保留或继承了高级定制服（Haute Couture）的某些技术，以中产阶级为对象的小批量多品种的

图7-1　Zara品牌

图7-2 Y—3 品牌

高档成衣，是介于高级定制服和以一般大众为对象的大批量生产的廉价成衣之间的一种服装产业。

该名称最初用于第二次世界大战后，本是Haute couture的副业，到20世纪60年代，由于人们生活方式的转变，高级成衣业蓬勃发展起来，大有取代Haute couture之势。巴黎、纽约、米兰、伦敦四大时装周，就是高级成衣发布和进行交易的活动。

高级成衣与一般成衣的区别，不仅在于其批量大小、质量高低，关键还在于其设计的个性和品位，因此，国际上的高级成衣大多都是一些设计师品牌。如古驰（Gucci）、爱马仕（Hermes）、芬迪（Fendi）、罗意威（Loewe）、路易·威登（Louis Vuitton）、普拉达（Prada）等知名的高级成衣品牌（图7-3、图7-4）。

❸ 高级定制服（Haute Couture）

高级定制服是地道的法国国粹，自1858年诞生，在法国已有150多年的历史。

1858年，沃斯（Charles Frederick Worth）首次将设计的观念引入时装界，并在巴黎开设了以他个人名字命名的专为上层女性度身定制的高级服装店，这是历史上第一个高级定制服装店。沃斯首次以设计师而非传统裁缝

图7-3 Prada品牌

图7-4 Fendi品牌

的身份出现在世人面前。当他的设计得到法国皇后的青睐之后，更是声名远播，世界各地的皇室贵族趋之若鹜，不但为服装的高昂价格欣然买单，更为拥有沃斯设计的服装而深感自豪。

1868年法国高级定制服联合会正式成立，这是巴黎第一个高级定制服设计师的权威组织，也就是现在的高级定制服联合会。其对高级定制服装店的规模、技术条件、发布会细节等做了严格规定。时隔百年，巴黎高级定制服装店至今还遵守着这些传统。

Haute Couture必须同时满足以下四个条件：

①在巴黎设有工作室，能参加高级定制服女装协会举办的每年1月和7月的两次女装展示；

②每次展示至少要有75件以上的设计是由首席设计师完成；

③常年雇用3个以上的专职模特；

④每个款式的服装件数极少并且基本由手工完成。

满足以上条件之后，还要由法国工业部审批核准，才能命名为"Haute Couture"。1945年起法国政府对行业定下了一系列标准，只有夏奈尔（Chanel）、迪奥（Christian Dior）、伊夫·圣洛朗（Yves Saint Laurent）、尼娜·里奇（Nina Ricci）、瓦伦蒂诺（Valentino）等18家公司获得了高级定制服资格（图7-5）。

图7-5 Nina Ricci品牌

高级定制服的定做流程如下：

①设计师根据顾客的独特需要进行创作；

②按照顾客身材定做模型，并在模型用胚布上进行立体裁剪；

③打版师用纸板制作纸样；

④首席缝纫师用胚布制作样衣，顾客试穿并进行修改；

⑤缝纫师用选定的面料进行裁剪缝制。

在试装时还要对细节进行修改和调整，一套衣服至少要试穿3次才能完成。由于Haute Couture制作中大量运用手工刺绣钉珠，售价超过25万美元也不足为奇，全球的Haute Couture固定顾客只有2000人左右（图7-6）。

二、现代成衣的特点

❶专门分工的工业化生产方式

随着缝纫技术的发展，成衣工业由手工作业逐步向批量生产和专业化生产发展的同时，形成了有专门分工的工业化生产方式，并相应出现了与工业化生产相对应的专门的服装设计师、样板师、裁剪工、缝纫工、熨烫工、检验工、包装工等。服装加工技术的要求更高，需要相互之间的密切配合，并相应出现了设计、制版、裁剪、缝纫等加工工序，工作更趋向于规范化、标准化，即服装加工技术由原来的简单的单件制作发展到了今天复杂、高级的商业化运作和工业化、标准化、规范化、规模化的合作生产。

❷机械化生产

机械化生产指依靠现代化机械设备实现大规模批量生产。在现代

图7-6 Valentino品牌

成衣生产过程中，运用各种机械化的生产设备是成衣大规模批量生产的基础。如电动裁剪机、电动平缝机、锁扣眼机、三线锁边机、自动熨烫设备、自动包装设备、流水线式悬挂设备等。另外，现代电脑技术的快速发展也在成衣行业中得到了广泛运用，如服装CAD/CAM系统的应用就是利用电脑进行款式设计、打版、推版、排料、生产、管理等许多工作，既节省了人力和物力，又在很大程度上提高了生产效率。

❸ 产品质量控制实现品质规格化

成衣的品质规格化是成衣在现代社会中存在的基础。成衣品质包括材料、色彩图案、款式造型以及尺码大小等，这些都需要符合一定的技术规格，如材料的化学成分、纱线的支数、精纺或粗纺等。成衣的大小尺寸是按照消费市场统计归纳出的合理的尺码系列。同一款式的衣服，可以通过推挡制成大小不同的尺码，尽可能满足广大消费者的需要。

❹ 大众化成衣的价格符合大众消费能力

成衣价格要符合现代人的消费能力。成衣的价格除了要考虑成本、消费者定位、品牌定位等因素外，还要关心市场的行情，根据合理的流行周期和市场营销策略制定价格。如在流行初期放高价位，在潮流已过或者换季时降低价位以及多种营销方式，以取得最佳的经济效益，尽量避免库存积压。总之，成衣是为大众而生存，价格自然需要在大众接受的范围内。

❺ 成衣款式大众化、细节化

成衣款式相对于大众化成衣不是为单个消费者，而是为大多数的消费群体而进行设计、生产的，因此必须具备大众化的特点，以适应众多顾客的需要。当然，这并不代表设计上的简单化，因为无论是产品还是品牌都已对市场进行了细分，以满足不同消费层次的需要。

❻ 成衣的经营遵从市场规律

按照现代社会商品经济原则，成衣的经营必须按市场规律进行。作为商品具有的特征，成衣除有各自不同的商标、品牌等标志之外，通常还附有用料成分、规格尺码、洗涤、熨烫注意事项等内容的标牌。此外款式的设计必须符合市场，而不是设计师作为纯艺术品的自我表现手段。

三、中国成衣业的现状

我们不妨把受众广大的成衣视为大众品牌，而将高级定制服和高级成衣视为小众品牌。

目前，对服装行业来说，技术创新与进步已经不能完全满足行业的发展，品牌的创新也相当重要。对行业来说，中国的服装实际上已经完全达到了世界服装生产水平。小众品牌使用的范围相当有限，但这种品牌本身的附加值相当高。大众品牌在广大消费者中拥有一定的知名度或拥有相当高的知名度，而且受到广大消费者欢迎。专家认为，现在中国的服装行业要走小众品牌路线的时机还不成熟，要有大量投入，而且企业实力也不一定够。更重要的是，小众品牌因为销售量很少，难以养活一个企业。所以，世界上很多企业都用大众品牌挣钱来养活小众品牌。走小众品牌是未来的发展路线，但在目前来说，发展大众品牌是关键。

第二节
成衣设计程序

成衣生产是一个系统工程。目前，国内服装厂商生产成衣的一般过程如图7-7所示。

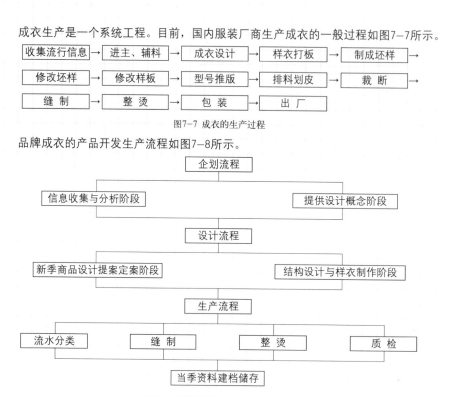

图7-7 成衣的生产过程

品牌成衣的产品开发生产流程如图7-8所示。

图7-8 品牌成衣的产品开发生产流程

一、信息收集与分析阶段

市场经济环境下的成衣设计，特别是品牌成衣开发，其设计是为了满足消费者的需要，以保障激烈竞争中的市场占有率，因此，设计师在设计产品前的市场调研、信息收集和分析准备至关重要。

❶市场资讯收集

(1) 不定时的市场调查

市场是获取实物信息的主要渠道。所有的文字、图片或图像资料毕竟是平面的，直观性和真实性较差，而从成衣市场上得到的信息则能比较真实地反映当地消费的倾向。因此对市场不定时的调查和分析是非常重要的。

(2) 目标消费群的信息收集

目标消费群的信息收集包括消费需求量的调查、消费结构和消费行为的调查。市场需求量的大小直接取决于目标消费群的收入水平和人口数量、人口构成以及消费心理、文化程度、购买习惯等。

❷对国际服装展会信息的收集

（1）各个成衣展览会。国际时装中心巴黎、纽约、米兰、伦敦、东京等地每年的时装发布会，聚集了时装大师们创造下一季流行趋势的最新设计作品，分析时装发布会以及相关展会在整体风格上的倾向，从而获取自己最需要的素材。

（2）面料、辅料展会。面料展览一般是在成衣上市的一年或半年前举办，这里面有着十分重要的信息。参观时要充分运用触摸、观察、与厂家交流等方法，了解得越详细越好。采购部门可以通过这些展会提供有关面、辅料的最新信息（图7–9）。

❸对媒体相关信息的收集

媒体相关信息主要可通过杂志资料和网络（国内外品牌网站）信息来收集。

二、 提供设计概念阶段

❶文案预测

（1）结合国内外的流行预测整合符合市场的文案计划。

（2）了解大牌产品开发的思路并结合实际，可采用"跟随策略"，分析本公司或其他品牌公司上个季度之畅销品。

（3）文案内容包括每季主题，每季主题色、流行色设定等。

当设计主题确定后，款式的构思、色彩的选择、面料的确定都要围绕这一主题开展。将国内外流行趋势或大牌产品拿过来经过分析、借鉴、修改、取舍，视其为我所用，这属于继承型的构思方法。当然这样做的前提是这些信息必须符合主题。

❷图稿预测

（1）纳入图稿必须符合本公司产品风格定位。

（2）纳入图稿皆有可参考的设计特色，或许这些特色可改造后加入本公司。

设计主题、色彩选择、面料小样、款式的基本廓形、效果图，绘图的目的都是将设计方案传达出来，明确表达形象，一般要求绘制实际的穿着效果图，服装细

图7–9 2009–2010年伦敦面料展布样

部的特征要交代清楚，尽量标明各部位的尺寸。选择色彩也要与主题相吻合。面料应以国内外流行面料为基础，选择与设计主题相符合的小样，并组合在一起。

❸新季商品设计提案

依国内市场调研后，准备一份符合市场的商品设计提案。

三、新季商品设计提案定案阶段

(1) 款式图配置、面料及设计总图。
(2) 多准备布卡及色卡。

四、结构设计与样衣制作阶段

(1) 结构制图。
(2) 样衣进度。
(3) 核样板、尺寸及修正纪录，进行工艺设计。

将服装设计款式的各个部位设计成平面的衣片纸样，使其组合起来后能体现款式设计意图，并且符合生产要求，便于缝制，这就是结构设计阶段的任务。款式设计与结构设计是密不可分的一个整体，两者相辅相成，共同实现设计构思。现代制版师不仅要能快速理解款式设计师的设计构思，还应十分了解服装的缝制工艺常识，以便详细地填写缝制工艺规格单和缝制说明书，并进行样衣缝制。

为使工人严格按要求缝制成衣，制版师必须提供缝制工艺规格单，详细注明工艺流程、辅料要求、衬料要求、各处的缝制要求、熨烫要求等。

五、评估阶段

企划部、市场部、采购部共同评估样衣，从定位、款式、面料、样板等多方面进行评价，确认参展样、大货样。

六、进入车间批量生产阶段

此阶段具体流程：面辅料进厂检验→技术准备→裁剪→缝制→锁眼钉扣→整烫→成衣检验→包装→入库或出运。

面料进厂后要进行数量清点以及外观和内在质量的检验，符合生产要求的才能投产使用。在批量生产前首先要进行技术准备，包括工艺单、样板的制定和样衣制作，样衣经过客户确认签字后方能进入下一道生产流程。在完成工艺单和样板制定工作后，可进行小批量样衣的生产，针对客户和工艺的要求及时修正不符点，并对工艺难点进行攻关，以便大批量流水作业顺利进行。

七、当季资料建档储存

每一季产品的开发生产过程都应以文字信息的形式建档存储，这对一个成衣企业的长远发展、品牌建设、建立稳定客户群都有重大意义。

资料的繁多促使企业需要一个有联系的系统去控制及删改文件，使文件随时可被查阅，而且所有文件的删改必须由文件的原作人签发。由于文件和资料的使用场所分散，应考虑文件的审批、发放、保管职权，在统一控制的前提下可以适当分散。为此，应对受控制文件界定等级，分级控制。为了防止文件和资料的误传或传递不畅，应尽量减少文件传递的中间环节。

第三节
成衣定位分析

服装品牌的市场定位最早见于美国20世纪60年代的市场和产业促销杂志。美国著名市场营销学家罗瑟·利夫斯（Rosser Reeves）认为，市场定位是寻找一种"独具的销售说辞"。经过30多年的市场竞争状况的变化和市场营销学的研究，市场定位的观念才真正成熟。

定位（Positioning）理论最先由美国营销专家利夫斯和杰克·特劳特于1972年提出，他们认为定位起始于产品，一件商品、一项服务、一家公司、一个机构，甚至一个人，定位并不是要对产品本身做什么，而是对潜在顾客的心理采取行动，即为产品在潜在顾客的心中确定一个适当的位置。这种最先提出的定位实质是传播定位，是一种广告策略定位。

一、成衣定位的目的与考虑因素

成衣品牌的定位是服装营销的前提，成衣品牌的定位可以表述为成衣企业根据目标顾客的消费需求，对服装的产品、服务、价格和形象等进行适当的设计与组合，以独具特色的服装产品来吸引和稳定目标消费顾客。

简单概括定位的目的就是认清自己，形成差异，在消费者心目中占据独特的位置。定位虽然是企业自身的行为，但要考虑以下几点：

❶ 企业首先要认清自己

企业首先要对自身的优势和劣势有客观的认识，其中重要的是法人意志、市场状况、运营管理。运营管理能力是众多成衣企业的软肋，成衣品牌的快速发展让众多的成衣企业没有脱胎换骨的时间。大多数成衣企业对于渠道的建设和品牌建设的认知是模糊的，或者意识到自身不足却不知从何下手。其中专业人才缺失是最大的瓶颈。在不能马上找到专业人才的时候，引入专业的智力机构是个不错的选择，通过外脑可以尽快使企业更新观念，并能尽快实现企业短板突破，以专补短，会大大降低企业摸索的时间和减少走弯路的概率。

❷ 对行业竞争准确把握

对行业竞争把握的过程也是认识自己的过程。定位是对自己优势的肯定和发扬，巨大的市场保证了众多起步企业的生存，但激烈的竞争也会摧毁毫无优势的企业。通过对市场竞争的把握，突出自己的优势，形成区隔，才可能让消费者了解和认识。任何生存下来的企业都有自己的优势，企业缺的不是优势，而是发现优势、发扬优势的能力。优势是与行业中竞争对手比较才能显现的，比较的目的不是找出竞争对手的劣势，而是要找到自己的优势。

❸ 对消费者的认知

对消费者的认知，只是企业选择目标市场的前奏，对消费者认知的目的是选择目标消费群体。目前众多成衣企业对目标消费群体的选择，往往不是企业的主动选择，而是被动地接受，是长期以来企业发展过程中自动形成的。如果是自动形成的，那就要对当前的目标消费群体的消费心理和行为进行研究，针对消费者的需求开发和规范自己的产品，建设自己的渠道，树立自己的品牌。如果是开发新的品牌，则需要将整个消费群体按一定标准作细分。定位需要对目标消费者进行选择，也需要将品牌信息准确地传达到目标消费者心中，成功的定位就是准确地使品牌信息在真正的目标消费群体心中占据自己的位置。

二、成衣定位的步骤与方法

众多的成衣企业，究竟该如何定位呢？利夫斯和杰克·特劳特在《定位》一书中给我们提供了成功定位的六个步骤：

①明确品牌在顾客心目中的现有位置。
②找到品牌在顾客心目中的目标位置。
③选择品牌合适的竞争对手。
④评估自己用于定位传播的资金。
⑤长期坚持选择的定位。
⑥评估是否达到了定位目标。

营销学权威菲利普·科特勒给出了市场定位三步骤：

①识别可能的竞争优势，列出与竞争者的差异点。
②选择合适的竞争优势，这些优势必须有独特性、感知性、营利性等特点。
③传播并送达选定的市场定位，用相应的营销组合予以配合。

对于成衣企业而言，有了定位的方法论，就可以结合市场进行品牌定位。

成衣品牌的定位不是孤立的，而是市场各种要素定位的组合，主要由三方面构成：一是产品定位，主要包括产品的风格和价格等；二是品牌的主流顾客群体定位由产品定位决定，主要包括顾客群体的年龄、收入、职业、学历等；三是品牌的市场定位也就是营销定位由顾客群体定位决定，主要包括城市定位、店铺地段地位和店铺面积定位等。其中目标消费群体的定位为主，其他各要素要对此定位形成匹配和支撑。

例如，在人们以往的观念里，像耐克、阿迪达斯这样的运动品牌都是年轻人的天下，就算要尝试，也只会在运动时穿着。但如今，中年人的心态越来越年轻，为了向年轻人靠拢，让周围的人感觉自己还很有活力，很有激情，中年人也开始将这些年轻品牌引入自己的生活中。而这些品牌也注意到了这一潜力巨大的消费群体，逐渐扩大了目标客户群的年龄跨度，还特别推出了一些即使在办公室也能穿着的休闲装，以满足这部分消费群体的需要。这一变化使得这些品牌的销量快速增长。除了运动品牌，有一些女装品牌更是吸引了各个年龄层次的消费者，ESPRIT、舞酷这样的品牌不用说，就算是像ONLY这样定位于18～30岁的年轻人的品牌，也吸引了一部分中年人大胆尝试。把时装的设计理念引入休闲装中，在传统休闲装中加入时尚元素。

在价格设置、渠道选择和产品风格方面都以目标消费群体的消费特征为统领。产品的市场定位是企业营销的基础，其核心是对由目标人群组成的目标市场的选择。当企业不能准确地将自己的产品市场进行定位时，其发展必定是被动的，企业发展的随意性较大、战略性不强，当市场竞争日趋激烈时往往摆脱不了被淘汰的命运。

三、成衣的产品定位

❶ 成衣品牌的产品属性定位

品牌的产品属性定位是品牌定位的基础，其后若干项目均会以品牌的产品属性进行内容设置，因此，也可以说品牌的产品属性决定了品牌的创建方向。

例如佐丹奴的优势定位。首先，从面料的考究和选择来看，人们至今钟情的依然是棉制品。棉布面料以其透气性好，吸水性强，手感舒适，耐用廉价等特点，而表现出永恒的生命力。因此该品牌服装从T恤、衬衫、夹克衫、长裤、内裤和袜子，无一不是由全棉或高含棉面料制成。这样就满足了各年龄阶段的消费者的需求，为获得尽可能多的消费群体奠定了基础。再根据价格和款式突出服务于18～45岁的中青年人，因为这一年龄层的人士，服装购买欲最旺盛、更新换代频率最高。

其次，从服装的价格定位来看，佐丹奴敏锐地察觉到我国服装市场上中高档价格男休闲装花色品种的匮乏，尤其是款式表现为"大路货"的断档。针对这种情况，佐丹奴将产品价格定位进行调整，使之适合我国现阶段大中城市居民的消费水平。

❷ 品牌的价值及风格文化定位

产品的属性既包括原材料、形态、制造过程等内部属性，也包括服务、品牌、包装和价格等外部属性，这些属性都是产品定位的定位点；利益则包括功能利益、体验利益、财务利益和心理利益等内容。价值可表现为归属感、爱、自尊、成就感、社会认同、享受、安全、快乐等。

服装的购买和消费的过程，已经成为一种包含幻想、情感和乐趣的行为，成为一种愉悦的个人体验。顾客购买服装，不仅消费服装本身，还消费着品牌的个性风格和服务文化，消费着服装店提供的时尚资讯，消费着服装店的空间，消费着顾客本人在服装店的时间。品牌的商品和服务文化有一丝欠缺，都可能导致现阶段缺乏品牌忠诚度的消费者支持力的下降。

在市场这个商品行销区域里，终端是市场经营环节中品牌展演的物质产品、精神价值以及科学完善的经营模式，是与同行竞争消费群体的重要前沿。将对品牌的文化认同融在终端的每一个细胞里，使货品品质、陈列方式、搭配文化、价格结构、时尚概念、服务手段等，精准化地传达品牌的内在魅力，影响每一个消费者，是决胜市场的根本。

"体验经济时代经营的感情原则"指出，品牌必须通过营销服务，与消费者建立一种感情上的联系，创造出一种让客户无法拒绝的感情体验，让其在购买产品的过程中，可以一遍又一遍地享受着时尚流行设计的服务、品牌形象动人心魄的服务、产品品质精湛优良的服务、消费过程体贴入微的服务，只有这种种感情体验才能真正让消费者对该品牌情有独钟。

❸ 品牌的消费群体定位

（1）消费群体的职业及性格定位

在进行品牌的消费群体定位时，要考虑到消费者的购买能力，而他们所从事的职业往往决定了其消费支出及消费方式。例如，学生群体往往更加喜欢活泼、运动类型的产品风格，在卖场中也应多采用假期打折的营销方式及极具动感的店面陈列设置等；写字楼中的办公群体，因其多从事商务及公关领域的工作，在着装方面便要求较为正统与实际，终端体验时则会选择较为清静、优雅的场所；从事创造性工作的消费群体，如设计师、企划师以及从事媒体、时尚类工作的人，他们更希望自己的着装能够充分体现自己的风格与特点，大胆与另类的设计可以更加激发他们的购买欲望。因此，针对品牌的主要消费群体的职业及性格定位进行有计划的产品开发及品牌形象的塑造，能够使品牌更为有效地贴近消费群体，更容易获得消费者的认同。

（2）消费群体的生活方式定位

消费群体的生活方式将决定他们对着装的深度要求，也是品牌对个性化进行深入开发的依据。生活方式定位包括消费者的生活状态，如是否独自生活，是否结婚，他们的日常休闲方式有哪些，朋友群体及交际都是哪种类型，等等。对消费群体的生活方式进行定位，一方面，是为了更加了解消费群体在消费过程中的生活需求；另一方面，也是希望能够从他们的生活方式中寻找到品牌能够给予消费者的关怀与体贴。

（3）消费群体的购买习惯定位

消费群体的购买习惯决定了终端营销区域及方式的选择。通过了解消费群体的购买习惯从而确定营销终端的设立方式（如是在商场设专厅、专柜，还是在主要商业地区设立旗舰店，或是通过连锁专卖店的形式出现，等等）。而在营销方式的选择方面则是提高品牌的关注力及优化销售模式，了解消费群体在购买过程中的心理选择方式，制订终端营销模式并对打折、赠品促销、联合促销、减价策略以及服务体系作系统化设置，以便能够使销售更加具体且具有针对性，更加贴近消费群体的购买习惯以增加终端的销售业绩。

（4）消费群体的文化层次定位

消费群体的文化层次决定了消费群体对消费品的关注度，随着其文化层次的提高，其对品牌的文化内涵及着装个性的需求也会相应提高。在现今信息发达的商业社会中，信息的获取方式及渠道也越来越广阔，对文化层次较高的消费者更加关注自身的着装能否体现他们的文化内涵，更加关注周边人事对其着装的品味要求，也更加关注品牌所能够带来的尊重与自我实现的心理需求。因而，对消费群体的文化层次定位是品牌进行消费人群细分的过程，也是品牌做到消费提升与精确把握的过程。

D 品牌的营销定位

品牌的营销定位分为两个部分，一是营销渠道的定位，二是营销区域的定位。

（1）营销渠道的定位

在成衣产品的营销渠道选择方式中，多采用三种方式，即自营型、加盟型及代理型。三者之间的关系在于合作经营者与企业之间的紧密程度：自

营型的营销方式对于企业而言控制更加紧密，而且在管理上可以企业的意志为转移，管理阻力较小，但相对而言在经营的成本上则会较高；代理型的品牌营销渠道管理方式，则需要企业的合作伙伴具有较强的品牌营销及管理意识，且在经营地区的经营网络与背景优势上要求较高，双方之间的合作紧密度依据产品在市场中的盈利表现而定，企业对代理者的管理较弱，多是指导与辅助关系；而相对于加盟型的营销合作关系，则是自营与代理之间的结合体，其中既会有企业方的资源及资金投入，也会相应地借助合作伙伴的区域优势进行营销推广，但在加盟型的渠道合作关系中，需要企业具备强大的品牌管理能力及市场形象的创建能力方可为加盟者提供更为持久的经营动力。

在此三种渠道经营方式之间可根据市场的实际需要进行分步、分区设置，如在主要的经济发达城市，为了保持终端形象的统一及营销活动的同步可采用直营的方式进行；在部分省会城市及沿海开放城市可通过城市级的加盟商进行连锁经营，既能够保持企业在该地区的控制力，也能相应地减小企业在营销成本上的投入；而相对于经济欠发达的地区，如西北、西南可进行大区域的经营代理招募，一方面，可减小企业的营销成本投入，另一方面，相对企业而言代理商会更为了解这些地区的消费需求与营销现状。

（2）营销区域的定位

在营销渠道定位中已经对营销区域的渠道划分进行了论述。但在营销地点的设置工作中，还可细分为商场型专营、专营店营销及 k/A（专指连锁超市及大卖场）群体营销。在大中型城市中，消费者在购买高价值的消费品时多会选择信誉较高与形象较好的商场，对于成衣品牌产品而言，商场能够提供更为充足的消费群，也可以通过商场的信誉与形象提高品牌的号召力与影响力，但是商场的经营面积毕竟有限，商场在城市中的数量也同样有限，这就造成了众多品牌"竞争上岗"的局面，所以，虽然商场产品销量很高但却并不盈利；服装品牌的专营店营销方式多出现在城市商业密集地区的街边或是以专厅形式出现的商厦（城）中，专营店营销形式的设立能够更加体现品牌的形象表达力，也可以通过独立的展示空间对品牌文化以及产品风格进行独立设置，因此也有的企业将专营店向更大规模的方向

发展，如所谓的旗舰店或中心店形式。而K/A群体营销则更加适合于中低档大众型消费的服装产品，当然也会有部分K/A渠道对品牌企业进行专有化设置，在卖场中建立专柜（厅）进行独立展示，例如以OUTLET'S形式出现的品牌打折卖场。

营销区域的定位类似渠道选择，也要根据企业的实际需求及合作伙伴的经营能力而进行设置，但区域定位的核心应体现于能否保持品牌的形象不受损害、能否保持不同类型的经营卖场在产品销售方式及价格上的统一、能够保持营销过程中的服务及展示方式的同步。

确定成衣品牌的定位是成衣品牌规划的核心工作，成衣品牌规划又是成衣品牌建设的蓝图，市场定位是企业营销的基础，也是企业目标实现的起点。没有定位，便无法确定达到企业目标的路径，市场定位和品牌定位共同导出了企业的战略定位，从而为企业战略的制订找准了基点，在此意义上说，定位也是成衣企业迈向成功的基石。

第四节
流行趋势分析与运用

流行信息对于服装产品设计的品质有着指导性的意义。对流行信息的获得、交流、反应和决策速度成为决定产品竞争能力的关键因素，而流行信息的转化与应用无疑是制胜的法宝。显然与之对应的服装高等教育教学中，时尚流行缘起、预测、创新、应用同样是培养服装职业人才十分重要的内容之一。设计师必须了解服饰流行的规律，并能够进行服装发展的趋势预测和方案表达。

一、流行与服饰流行
❶流行与服饰流行的概念

流行性是服饰固有的社会属性之一。所谓服饰的流行，是指服饰的款式、结构、图案、面料、色彩及风格在一个时期内的迅速传播和盛行。

服饰的流行包括流行的风格、流行的款式、流行的面料、流行的色彩、流行的图案、流行的服饰配件、流行的着装形式及搭配方法等。

❷服装流行的特点
（1）新颖性

这是流行最为显著的特点。流行的产生基于消费者寻求变化的心理和求"新"的思想表达。人们希望对传统的突破，期待对新生的肯定。这一点在服装上主要表现为款式、面料、色彩的三个变化。因此，服装企业要把握住人们"善变"的心理，以迎合消费者"求异"的需要。

（2）短时性

"时装"一定不会长期流行，长期流行的一定不是"时装"。一种服装款式如果为众人接受，便否定了服装原有的"新颖性"特点，这样，人们便会开始新的"猎奇"。如果流行的款式被大多数人放弃，那么该款式时装便进入了衰退期。

（3）普及性

一种服装款式只有为大多数目标顾客接受了，才能形成真正的流行。追随、模仿是流行的两个行为特点。只有少数人采用，是无论如何也掀不起流行趋势的。

（4）周期性

一般来说，一种服装款式从流行到消失，过去若干年后还会以新的面目出现。这样，服装流行就呈现出周期特点。这个周期的长短及规律一直是学者们探求的问题。日本学者内山生等人发现，裙子的长短变化周期约为24年左右。

二、流行趋势研究
❶服装流行的"极点反弹效应"

一种款式服装的发展，一般是宽胖之极必向窄瘦变化；长大之极必向短小变化；明亮之极必向灰暗变化；鲜艳之极必向素丽变化。所以，"极点反弹"成为服装流行发展的一个基本规律。大必小、长必短、开必合、方必圆、尖必钝、俏必愚、丽必丑——极左必极右，愈极愈反。

❷服装流行的基本法则

美国学者E·斯通和J·萨姆勒斯认为：

①流行时装的产生取决于消费者对新款式的接受或拒绝。这个观点与众不同。二人认为，时装不

是由设计师、生产商、销售商创造的，而是由"上帝"——顾客创造的。服装设计师们每个季节都推出几百种新款式，但成功流行的不足10%。

②流行时装不是由价格决定的。服装服饰的标价并不能代表其是否流行。但一旦一种高级时装出现在店头、街头，并为人所欢迎，那么大量的仿制品就会以低廉的价格为流行推波助澜。

③流行服装的本质是演变的，但很少有真正的创新。一般来说，款式的变化是渐进式的。顾客购买服装只是为了补充或更新现有的衣服，如果新款式与现行款式太离谱，顾客就会拒绝购买。因此，服装企业更应关注"目前流行款式"，并以此为基础来创新设计。

④任何促销努力都不能改变流行趋势。许多生产者和经销者试图改变现行趋势而推行自己的流行观念，但几乎没有一次是成功的。即使是想延长一下流行时间也是白费气力。因此，服装商人一般是该出手时就出手，该"甩货"时就"甩货"。

⑤任何流行服装最终都会过时。推陈出新是时装的规律。服装若失去原有的魅力，其存在便失去意义。

❸ 服装流行周期

流行周期的基本形态可以用钟形曲线来描绘。某种时尚从出现至到达顶峰的时间，从顶峰到完全消退的时间，以及整个流行周期的时间长度都不一样，所有时尚的变化都具有周期性。服装流行周期这一概念是指一种款式在公众接受方面从出现到大范围流行再到衰退的过程。"周期"暗示着循环。

有些专家把流行周期比作波浪，先是逐渐升起，然后达到顶点，最后慢慢消退。像波浪的运动一样，时尚的运动总是向前，不会向后。如同波澜不定的浪花，流行周期的波动也不是彼此之间有一个固定的可度量的顺序。有的很短的时间就达到了高峰，有的则时间很长。从上升到衰退整个波动周期的时间也或长或短。还是像波浪一样，不同流行周期之间是相互交叠的。

流行周期并不是偶然的，它们并非仅仅是"发生了"。在时尚的演变过程中有几个易于识别的阶段。这几个阶段可以用图表来描绘，在短期内也可以精确预测。能够识别和预测时尚流行的不同阶段对服装购买和销售两方面都是非常重要的，如图7-10所示。

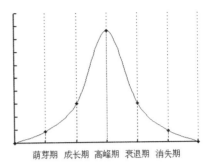

萌芽期 成长期 高峰期 衰退期 消失期

图7-10 服装的流行周期

一般的流行周期主要有以下几个过程：

(1) 流行孕育期

流行孕育期和许多相关时尚相连接，如电影业、时尚传媒、网络流行、文化娱乐等。这个时期的流行元素已经开始合成，在一些特定的场合已经出现，但是还没有被服装设计者发觉，还没有被市场化。

(2) 流行产生期

流行产生期就是准流行元素已经被服装业界的专业人士所发觉，开始计划推出这种流行的元素，而且在市场上可以零星地找到这个产品。

(3) 流行成长期

流行成长期就是在流行产生后，首先被业界的同行们以及时尚前卫的消费者所接受，然后大规模的相同款式开始上市，逐步地推动流行走向高峰。

(4) 流行高峰期

一般是指市场上该款式的产品已经脱销，造成供不应求的局面。表现为大街上穿该款式服装的人越来越多。

(5) 流行衰退期

流行的高峰过后，衰退就紧随其后，可能在这个过程中，还会有小的波动，但是它不可能长时间地持续下去，不久就会被另一种流行所取代。

根据产品的生命周期原理，有些专家把服装的市场生命周期，叫做"流行花期"。

①花蕾期——流行启蒙期（顾客数占10%）；
②花放期——流行追逐期（顾客数增35%）；
③花红期——流行攀顶期（顾客数增40%）；
④花败期——流行跌落期（顾客数增15%）。

服装流行花期的特点：花败期跌落线不会很长，因为任何经销商都不会努力阻止它下降，反而会"甩货"加速其跌落。

127

流行趋势的掌握主要就是对服装款式和面料色彩主题的预测、控制。准确地发现一种流行，最快捷地跟上流行的脚步，与流行同步。最快地把流行的元素组合成产品，满足即将到来的流行需求。

三、服装流行趋势预测

❶ 服装流行趋势预测与其学习目的

所谓服装流行趋势预测，是向人们预测下一季节服装即将流行的主题、色彩、面料、花纹、时装外形、设计样式、类别、搭配及着装方式等具体内容的一个提案。

不同时代和环境条件下，人们的服饰审美心理和审美标准不同。服装流行反映了一定历史时期和地区内的人们对服装的款式、色彩、面料以及着装方式的崇尚和追求，并使这种局部的着装方式通过竞相模仿和传播而形成一种逐渐扩大性的社会风潮。服装企业应关注服装流行，运用流行预测及流行趋势发布积极主动地引导服装市场，而不是被动地适应市场，盲目地顺从市场。

流行预测在服装领域是一项专业性很强的业务。流行预测的目的是带动未来服装趋势的走向。把握与应用流行信息，对左右未来服装市场是关键。服装设计教学内容设置服装流行预测的目的是：

① 引发学生探究流行的兴趣，并培育学生既能独立思考，又能合作互动地发现、分析问题的能力。

② 培养学生在学习服装设计中，具有创造流行的冲动。提高学生的视觉表达和语言表达相互吻合的能力。

③ 帮助学生掌握在科学的规范下，预测人们短程及长程的未来需求，进行服装设计的研究方法。

④ 培养学生收集信息、分析信息、综合信息、提炼应用信息的能力。预测流行能实现我们的幻想，丰富我们的生活，满足我们的心理需求，并且为我们的人生增添各种色彩。

❷ 服装流行趋势预测的意义

流行预测在于解答两个主要问题：在不久的将来会发生什么变化；目前所发生的事件当中有哪些足以对未来造成深远影响。

当今的世界是信息的世界。信息传播的方法和途径越来越科学、先进、快捷，信息的透明度也越来越高，随之而来的竞争也就越来越激烈。服装流行趋势预测及其发布，作为一种与纺织和服装工业息息相关的前瞻性信息研究和传播，能够为纺织服装业和消费者提供比较可靠的未来时尚设计的方案。

服装流行趋势预测的意义，概括起来说，主要是引导服装审美、引导服装生产、引导服装消费。具体说来，大致可从三个方面来认识：

① 从宏观上来看，对服装流行趋势进行预测，便于整个社会乃至每个有关的单位自觉地把握流行趋势和走向，从而主动地协调、控制未来的发展过程，准确及时地编制各个有关领域的发展计划和重要产品的设计方案和构思，从而为整个社会服装生产与消费提供不断发展的活力。

② 从微观上来看，通过服装流行趋势预测成果的传播和教育，可以引导人们在穿着方面显示现代文化的内涵，显示人们对于服饰作为一种艺术的理解和追求，并通过潜移默化的引导提高人们的审美情趣和消费品位，逐步提高人们审美能力的时代性和科学性，从而比较自觉、理性地用服装作为装饰手段，来塑造自己、美化自己。

③ 从服装设计、生产、经营者的角度来看，服装流行趋势预测的成果，可以作为服装设计、生产决策和市场销售的重要依据，促进有关人员能从某一时期服装发展特点的变迁来把握市场的发展脉搏，及时调整设计思路、生产投向和经营策略，提前生产出符合下一流行周期的面料及服装，从而增强时尚性服装产品的市场吸引力和竞争力，不断满足消费者对于时尚的追求，进而确保企业声誉的完善和经济效益的提高。

从某种意义上说，无论是生产企业、商业流通领域，还是消费者群体，关心流行趋势、研究流行趋势、利用流行趋势预测的有关信息，都有着相当重要的现实意义。

❸ 服装流行趋势预测的内容及方案设计

成衣流行预测的内容包括对流行的主题、色彩、面料、花纹、时装外形、设计样式、类别、搭配及着装方式等的预测，其中对流行色的预测与发布尤为突出。

目前，现代成衣的一个明显趋势是其更新周期越来越短，衣着流行化成为品牌成衣消费社会的一个重要特征。因此，世界各发达国家都非常重视对服装流行及其预测预报的研究，并定期发布服装流行趋势以指导生产和消费，这也已成为服装产业发达国家地区的共举。一般由权威机构进行流行趋势预测，主要是世界上几家知名的流行预测发布机构定期公开发布各自的流行趋势预测，为企业和设计师提供下一季的流行参考。世界主要流行预测组织机构有国际流行色协会、《国际色彩权威》、国际纤维协会、国际羊毛局、国际棉业协会等。

（1）服装流行预测的内容

服装产业主要的流行预测活动是每年两次。每一周期流行预测是从方案公布算起18个月以后上市服装的色彩、面料、款式设计。

服装流行趋势方案应提供如下主要内容：

①提供最新的流行色彩预测及应用方法；

②指明及设计最新流行的时装款式及最恰当的穿戴方式；

③解释流行时尚的内幕，刺激流行创意的滋长；

④为未来议题提供各种信息；

⑤提供过去议题作为参考资料；

⑥引经据典地说明各种流行趋势。

（2）服装流行趋势方案的表达形式

1）背景描述。每当一种流行现象从兴起到衰落，都由相关的社会背景构成。高级时装一直引领着世界流行趋势预测的动向，体现着深厚的社会因素。剖析高级时装范例是理解背景因素方法的必要手段。

2）主题陈述。为新季进行流行预测，通常要确定一系列主题。确定主题的目的是启发和引导设计师为不同规格档次的市场进行设计。流行必须要有主题，没有主题，设计时就不会有清晰的目的与目标，服装就不会有鲜明的个性与特色。

每季的流行主题在大的主题领导下，通常会针对几种生活方式进行主题陈述，销售理念是陈述的依据，主题陈述往往依据服装款式、色彩、面料等特征来描述。我国成衣工业趋于以具有想象力与实用价值的服装来满足消费。其主题是以构想超前、定位准确、独特的设计理念、切合需求、深入消费者心中、奠定未来引领地位为准则。因此，主题陈述应注重如下几点：

①选择流行趋势主题的重要性。在选择主题的过程中，要始终关注人们颇为关心的议题，要紧密结合当前与未来服装设计领域发展的潮流，以及各相关领域相互渗透、相互联系的关系。

②流行趋势主题应具有创新性。时尚流行周期随着时间在不断轮回，但每一周期中都有超前的创新点。预测人员应注重流行方案的创新性，充分发挥想象力，使主题给人以全新超前的感受。在现代服装设计领域，人类智慧的升华是优秀流行方案主题产生的开端，一些传统的主题已经无法跟上时尚演变的研究进程，也不适应设计、技术与经济相互结合的交叉学科的特点。

③流行趋势主题应具有实用性。具有实用意义的流行趋势主题是审定选题的重要因素之一。主题是否实用，是否贴合实际，直接关系到流行趋势方案的价值。一套优秀的流行趋势方案能引导社会时尚的理念，指导未来的服装设计实践。

3）色彩预测。目前国际流行色委员会每年召开两次例会以预测来年春夏和秋冬的流行色趋向，并通过流行色卡、摩登杂志和纺织样品等媒介进行宣传。

中国的流行色由中国流行色协会制定，他们通过观察国内外流行色的发展状况，取得大量的市场资料，然后对资料作分析和筛选而制定，在色彩定制中还加入了社会、文化、经济等因素。因此国内的流行色比国际流行色更理性一些。

4）面料图案。面料图案通常是由著名的纺织面料博览会及研究机构发布的，如一年一度的德国杜塞夫国际面料展等。主要注重于面料的颜色、肌理组织、原料成分，以及因不同原料和后整理工艺而造成的不同的色质感。在形式上常采用一个主题、一段文字、一幅图画、一套实物样本的做法。文字是对主题的联想式阐发；图画是围绕文字阐发由各种织物按色彩流行拼合的照片或色块组合；实物样本是对图画的具体、形象的说明。

提供最新流行的纱线、面料成分、光泽、透光性、手感、色彩、图案、肌理效果，视觉风格和面料尺寸的稳定性等。依据服装不同场合，指明面料应用的范围、服用性能。流行服饰的个性风格，可以从面料的质地、织法、重量、图案等元素中体现出来。设计师或时尚的缔造者，需要从面料材质的各个方面进行考虑与运用，如流行纤维、流行织法与质地、流行重量、流行图案等。

5）造型款式。在流行趋势方案中，原则上造型款式是原创的设计。按照主题将设计理念滋生出新颖造型，它将指导生产商在原创的基础上推出不同的款式。一套方案中，需提供几种类型的男女服装造型款式系列，为的是迎合不同消费群体的需求。服装造型款式的流行变化比服装色彩和长度的变化要慢。

6）服饰搭配。服装配饰设计首先要与流行服装相配套，在颜色、外形、肌理等方面突出服装的最新流行趋势，考虑融入大众，引导潮流。配饰涉及如下种类：鞋袜、手袋、腰饰、手套、帽子、眼镜等，每一次流行不是样样俱全，而是侧重其中的几个种类。

❹ 服装流行预测方案设计方法

（1）流行信息收集

设计制作流行趋势预测方案，应有充足的资料基础和信息源。当主题选定后，首先应考虑到的是，搜集与主题相关的材料和信息。打开思路，探索新的未知领域，探索新的设计与意识，把相关联的资料中的感受、体验与联想，按照自己独立的思考方式整理模块化；把不完整的观点、零散的想法系统化，使之成为整体思路，并且抒情达意，以图文并茂的形式完美地表达所构想的状景，使得虚拟的设想变为现实。

服装流行预测方案设计要采用多种方法收集信息。例如市场调研法、街头摄影捕捉法、文摘图片搜集法、网络资料搜集法、面料搜集分类法等。我们将其总结为以下三大类：

① 图片资料信息搜集法。利用图书馆、资料室、多媒体、网络等资讯源，围绕着主题内容对有关国内外、古往今来的信息进行广泛而全面的搜集整理，认真分析比较、分类。这种分析、比较分类的方法，就是研究流行方案的开端。分析比较的方法是在了解已经流行的趋势基础上进行的升华、再创新意。

②街头市场信息搜集法。文字、图片或图像信息毕竟是平面的，直观性和真实性较差，而从流行市场得到的流行信息则能比较真实地反映当地的消费倾向。服装流行是衣的学问，有人群的地方就能提供观察学习衣装变化的场所。特别是商业繁华的街头风格，为流行预测提供了舞台。这种力量的出现打乱了高级时装引领流行的天下。有的放矢地去街头搜集相关的信息资料，因势利导，引发灵感。

③了解和掌握服装设计领域的发展动态。要设计制作出优秀的流行趋势预测方案，应了解服装设计领域的发展动态，了解前一周期流行趋势特征，并在前一周期的基础上探索新的动态，做到心中有数。以英国出版的International Color Authority 国际流行色权威机构为例，每年提前21个月预测国际流行色，是时装界公认的色彩指南。日本出版的《流行色预测》通常在对欧洲、美国和其他地区的时装色彩分析的基础上，对下一年度国际女装和男装流行趋势进行预测，分别用纤维、纱线和纯棉织物对色彩进行直观的反映。在我国由中国流行色协会与国际色彩权威美国Pantone公司联合出版的《流行色展望》，是中文版的色彩预测刊物，提前18个月进行预测，其中有男装、女装、运动装流行色。法国出版的《高级时装设计手稿》、意大利出版的《趋势预测与市场分析》等均为优秀的范例。

（2）流行信息整理与表达

流行信息整理是将收集的信息归纳为直接利用信息、间接利用信息和不可利用信息三类。

①直接利用信息指与设计定位风格相接近，可以直接参考和借鉴的流行信息。

②间接利用信息指与设计定位风格无直接关系，差别较大，但可以触类旁通，具有一定参考价值的流行信息。

③不可利用信息指不具备权威性和准确性的信息，或与自己的设计定位毫无关系的信息。

流行信息表达服装流行趋势设计手稿，是专业人员将采集后的流行趋势，根据不同的市场细分化，并用最简单明了的图片形式表达给读者的一种最直接最实用的流行趋势报告。它不仅包括了最新的流行信息和流行趋势，并通过有才华的专业设计师们把流行趋势和商业化的服装相结合，这就给服装企业提供了最直接、最清晰、最实用的流行指导。一本好的服装流行趋势设计手稿，犹如一位好的设计师，可以为企业带来很多有价值的参考信息，为企业带来更加丰厚的利润，从而使企业成为流行的弄潮儿，在服装行业中立于不败地位。

第五节
成衣款式设计的方法

一、成衣设计理念

成衣设计既强调艺术性，又强调实用性和商业性，不是纯理论研究，不是孤芳自赏式的艺术创造，而是想象力、实用性、市场性的综合。

如果说一个人是因为有了思想才有了灵魂，那么对于一个企业或品牌来说，理念就是它的思想，也正是这个企业或品牌的灵魂。对于当代服装企业和品牌而言，设计理念则是它众多理念之中最为重要的部分，可以说是灵魂的灵魂。在设计理念上要面对现实，正确理解成衣设计的本质。设计理念对设计起着根本性的指导作用，正确的设计理念将引向成功，错误的设计理念将导致设计的失败。

❶设计理念是服装品牌理念的基石

一个成功的服装企业需要有一套完备的思维理念识别系统，设计理念是众品牌理念系统中最初产生的一种。设计理念的产生并非与生俱来，而是在不断摸索中逐渐形成的，是品牌理念的具体实施，是品牌理念和完善品牌内容运作的前提和基础。设计理念的匮乏和滞后，将影响到整个品牌理念，更重要的是将影响品牌的竞争力和生命力，抑制品牌的未来发展。所以说，设计理念对于服装品牌理念的基石地位是不可动摇的。

❷设计理念促使设计师对于服装品牌设计进行准确把握

设计理念的承载体是通过设计师的设计思维表现的，依托于设计师的艺术造诣、专业素质和内涵以及个人的设计经验等因素。设计师的个人设计思维或者说设计师的设计风格，要尽可能地与企业整体的设计理念协调、一致，这就要求设计师在本身与企业的设计理念符合、对位的前提下，还能够对该品牌的产品设计作进一步的准确把握，充分了解品牌的自身情况，在设计理念的指导下，进行"量体裁衣"的品牌产品设计。

❸设计理念最终形成设计风格，定位服装品牌风格和企业的性格

由于品牌不同，便出现了各具风格的服装产品类型，或表现高雅成熟，或体现前卫休闲，亦可以是传统保守的。使消费者们可以根据自己的需要而选择不同风格的产品和品牌。而这种不同服装产品类型的出现，主要就是根源于企业之间设计理念的不同，设计理念形成了品牌的设计风格以及设计产品的形象，同时也定位了企业自身的品牌风格和形象，企业的性格也由此产生和树立。也正是因为在同一设计理念引导下，使得企业所生产出的众多产品，包括从服装产品系列到饰品产品系列，都能够通过设计风格的贯穿而整体统一起来。

❹设计理念并非从始至终一成不变

设计理念和任何事物一样，是不能一成不变的。优胜劣汰的竞争法则，决定了服装企业要想在市场中得以生存、做大做强就需要不断创新，不断提升自身，产生更为新颖的设计理念，生产更贴近市场、符合人们不断追求时尚变化的心理与要求的服装产品。当然对于企业来说，设计理念的变化影响是非常大的，会直接导致品牌设计风格的变化，体现在产品上就是产品路线的变化，最终影响了产品的终端市场和消费群体的改变。有很多服装品牌的例子，由于设计理念的更迭，或是设计师的频繁更易，导致产品设计风格的频繁改变，形成了与以往风格不相一致或完全不同类型的产品，甚至无法使品牌的风格固定、统一起来，最终使消费者丧失了原本对品牌的信心和信赖度，使得品牌的发展逐渐走向下坡乃至衰退、消亡。所以，企业设计理念的这种变化应该是在一定范围内进行适度调整，经营者和设计师都应对市场的需求和企业自身的实际情况有充分的调查取证，在设计理念大方向变化不大的基础上，结合流行趋势发展而进行细节性的改变，通过细节性的创新、局部性的调整来适应不断变化的市场，巩固品牌的市场地位和份额。

二、成衣设计要点

成衣是近代服装工业中出现的一个专业概念，它是指服装企业按标准型号批量生产的成品服装。一般在裁缝店定做的服装和专用表演的服装等都不属于成衣范畴。成衣业销售业绩的好坏，除了受经营管理的影响之外，更重要的是服装成品本身在消费市场上的反映，取决于服装的设计与制作是否把握了市场需求。从某种意义上讲，成衣设计是成衣销路的关键，成衣设计必须完全以消费者的反映来评定作品的成败，所以在成衣设计之前必须先了解成衣工业的特性，全面、正确地理解成衣设计，即成衣设计要理性多于感性。

①成衣设计不能太学术化，要从画服装效果图的设计惯性中"改道"至工业用服装设计——从理论设计到利润设计，通俗地讲，就是要将自己的设计与企业的利益联系在一起。在设计理念上要注重实际，多考虑企业利益和企业利润，设计理念切不可脱离市场这一重点要素。太学术化的设计对企业来说往往意味着不实用。

②设计师要有良好的合作精神。成衣设计是整个服装企业循环大生产中的一个环节，它不能独立于企业之外，需要和相关的各个部门进行交流与合作，特别是成衣销售部门、原料供应部门、工艺技术部门等。如果设计师不与这些部门进行交流与沟通，那么设计的成果多半会出现问题。例如不与成衣营销部门沟通就会对成衣款式销售的统计不清或一无所知，这样服装设计师便不能从客观上了解哪些款式热销哪些款式滞销，设计的成品将带有极大的滞销风险；不与原材料部门沟通，设计的款式很可能无批量原材料供应，从而无法批量生产，最终导致设计无效；不与工艺技术部门沟通的设计将是不可靠的设计。设计师可以有各种想象，可以将自己的设计意图画在纸上，但是，成衣最终是要靠机械设备和工艺技术制作出来的，是由成品来体现的。有专家曾经说过："服装是做出来的，不是画出来的。"此外，设

计师不与工艺技术人员沟通将会导致工艺技术人员不能正确领会设计师的设计意图，或者由于技术或设备的问题等，导致设计图根本就无法制作完成。

③设计师要不计任何形式地进行设计，重点是强化市场观念。成衣的设计形式是多样的，有彩色效果图表现、线描款式图表现、口授设计、综合拼凑设计、二次修改设计、模仿设计（拷贝修正设计）、设计师自己动手制作表现效果设计等。不论哪种设计形式，只要设计师制作出的服装成品能得到市场的"宠爱"，就应该得到肯定。

④在设计成本上，必须降至最低标准。对服装企业而言，高昂的成本意味着管理水平的低下，这就要求设计师在设计成衣款式时要有服装成本概念，将成本因素贯穿于设计行为之中。

⑤在设计定位上，成衣设计对企业的服装销售定位要有一个清醒的认识。服装定位主要包括性别定位，如男装、女装、中性装；年龄段定位，如中年装、青年装、学生装等；消费层次与价格定位，如高收入的白领阶层高价成衣定位、中高等收入阶层中高价成衣定位、一般工薪阶层的中低价定位等；销售区域定位，如外销国家、内销地区（销往东北地区、销往广东地区、销往江南地区、销往中原地区等）；服装性质定位，如休闲装、正装、职业装、礼服、时装等。成衣设计定位是设计师必须要掌握的，也是设计成本最基本的前提。

⑥在设计款式上，既要被消费者认可又要能符合批量生产的要求。成衣款式的设计要有"成衣性"，既要考虑款式的市场效应，又要考虑款式在机械流水作业中的可操作性，要尽量避免设计的随意性。从某种意义上讲，成衣设计并不需要设计师过于超前的创造性，而是需要设计师对市场的把握、对消费者心理的掌握和对市场流行的综合预测。成衣的款式设计必须要考虑其批量的可生产性和生产的高效性。成衣企业不是裁缝店，其生产需要流水作业的多道工序完成，款式与结构的不同直接关系着成衣的生产效率。

⑦在设计时效上，要能适时地供应市场且不失季节性。服装美是服装设计的基本原则，也是现代人选择成衣的主要购买参考指数之一。抓住时代的审美共性是对设计师的要求，抓住时代审美共性也就抓住了服装的流行。作为成衣设计师，需要利用一切可用的因素，把握住服装的流行趋势，设计出具有时代感的成衣。

⑧在设计销售上，设计师要参与销售策划，设计成衣时要考虑销售上的要求。第一，要对不同的人体体型有所研究，要研究服装的市场定位，了解男装、女装、童装、休闲装等不同设计的要求。第二，要设定齐全的尺码。第三，要参与成衣市场定价，了解市场，接受反馈，把握品牌的统一性和品牌服装的风格特色。

应该说，成衣设计绝不能仅凭个人的喜好来行事，而应提供有设计价值的成品来抓住更多的消费者。成衣设计是介于设计师的创意与消费者的审美观以及实际需要三者之间的产物。所以，成衣设计必须经过严谨而精确的思考，不论在选料、尺码、颜色还是配件上都要配合有度，否则就会因设计而造成产品的滞销，影响企业的利润。

此外，对消费市场的认识是成衣设计中不容忽视的要素，因为成衣设计的构思必须建立在市场的消费需求上，也就是要迎合消费大众的口味。所以设计成衣首先需要了解成衣市场，而从事成衣设计的工作者，更需要随时随地地进行市场调研和分析，客观、准确地了解市场需求。

三、成衣设计的表现手法

①结合流行的趋势，抓住流行的重点，从色彩、造型、装饰上做一系列的设计以迎合消费者追求时尚的服饰心理（图7-11）。

图7-11 D&G品牌2009秋冬产品

②饰品、配件的应用搭配。利用饰品、配件的辅助作用,造成特殊的效果,以提高商品的价值感。

③组合式成衣的创新设计。在设计中有意识地把服装做整体风格设计,表现个性效果,与众不同,满足消费者喜爱新奇的心理。

④手工艺技术的应用。如手工绣花、手工扎染、手工蜡染、手工编结等都可以应用到成衣设计中去,使成衣具有装饰性艺术效果,刺激消费者的购买欲。

⑤新工艺和新设备的应用。如各类服装洗水、服装压花、服装绣花、服装蚀花等。

⑥新材料的开发设计。成衣市场中有很多款式都非常需要富有新鲜感的材料来刺激消费,如保暖材料的内衣、保暖材料的外衣、绿色服装材料的应用、高弹力材料的运动装设计等。新材料的开发可从多方面着手,不一定只限于服装的主料,其他辅料也能设计应用。

⑦各地富有民族及地方特色的服饰都可以借鉴用于设计成衣,使之变为成衣设计的重要元素之一。从民族服饰中取得设计的灵感,往往能创造出成衣的风格效果。

⑧图案装饰的应用设计。有许多成衣考虑应用可爱的动物、植物、风景、文字等图案,合理地利用图案设计成衣能为成衣效果增色不少,如年轻人的T恤衫,样式本身缺乏变化,但配合时尚图案的设计则能制造卖点。

总而言之,如果成衣设计能多一些理性思考,那一定能提高成衣的销售量。当然,还有许多细节上的配合也应注意,如季节的不同、地区的不同、经济条件的不同,以及消费者自身诸多因素的不同等,这些都将直接影响消费者的需求,使消费者对服装的色彩、造型、材料的要求也将自然地有所差异。设计师要清醒地认识到:成衣设计是一种开放性的工作,是一种以市场为准则的工作,成衣设计绝不能闭门造车,也不能只以自己的主观判断来行事,一定要"从市场中来到市场中去"。

【本章小结】

本章总结了作者多年教学和实践的经验，分别介绍了成衣设计程序、成衣定位、流行趋势分析与运用以及成衣款式设计的方法四个方面的内容，对涉及成衣设计的各个不同方面进行了系统论述，不仅向读者提供了从事成衣设计需要的各种基本知识，展示了设计过程如何才能成功地满足市场走向和需求，更将一种富有创造意识的教学理念贯穿始终。

本章从成衣产品的概念入手，分析了成衣产品的设计理念与定位方法，阐述了成衣设计的基础知识、定位要素的基本构成、各种实用的设计方法以及流行与成衣的关系，为服装设计专业学生了解现代成衣产品设计的过程，掌握产品定位的规律和方法，有效地形成专业技能和职业能力，提供了一条实用而快捷的途径。本章还从服装流行趋势的产生与发展入手，结合现代流行的特点与影响因素，阐述了现代服装行业流行趋势的调查方式和预测方法，使其能更好地应用于成衣的设计之中。

【思考题】

1.如何在成衣设计中活用流行元素？

2.通过市场调研，选择一个在当地服装市场上具有代表性的成衣品牌，分析其市场定位，并提出品牌定位优化方案。

3.调查成衣市场，根据当年的流行元素，设计一个系列的时装，男、女装不限，服装类别可自行设定。

4.以一个服装企业设计师的角色，模拟设计一个季节的流行服装。

要求：完成从设计定位到产品销售方案的每一个过程，并创造条件与企业结合运作。

参考文献

[1] 刘晓刚，崔玉梅．基础服装设计[M]．上海：东华大学出版社．2004．

[2] [英] 苏·詹金·琼斯．时装设计[M]．张翎，译．北京：中国纺织出版社，2009．

[3] [韩] 李定好．服装设计实物[M]．北京：中国纺织出版社，2007．

[4] [日] 中泽愈．人体与服装[M]．袁观洛，译．北京：中国纺织出版社，2000．

[5] [美] 莎伦·李·塔特．服装·产业·设计师[M]．苏洁，范艺，蔡建梅，陈敬玉，译．北京：中国纺织
    出版社，2008．

[6] 于西蔓．西蔓美丽观点[M]．北京：中信出版社，2007．

[7] 北京西蔓色彩文化发展有限公司西蔓色研中心．关注色彩[M]．北京：中国轻工业出版社，2004．

[8] 徐慧明．服装色彩创意设计[M]．长春：吉林美术出版社，2004．

[9] 张晓黎．从设计到设计[M]．成都：四川美术出版社，2006．

[10] 刘元风，胡月．服装艺术设计[M]．北京：中国纺织出版社，2007．

[11] [英] 理查德·索格，杰妮·阿黛尔.时装设计元素[M]．袁燕，刘驰，译．北京：中国纺织出版社，
    2008．

[12] 罗仕红．女装成衣款式设计规律探讨[D]．长沙：湖南师范大学，2007．

[13] 熊晓燕，江平．服装专题设计[M]．北京：高等教育出版社，2003．

[14] 史林．服装设计基础与创意[M]．北京：中国纺织出版社，2006．

[15] 洪春英．服饰流行与社会心理[J]．辽宁工学院学报：社会科学版，2007（5）．

[16] 戴行．服装流行趋势设计手稿的研究[D]．上海：东华大学，2007．